微电子与集成电路技术丛书

基于多层 LCP 基板的高密度系统集成技术

刘维红　张　博　陈柳杨　刘　烨

刘清舟　关东阳　谢　端　吴昊谦　　著

电子工业出版社.

Publishing House of Electronics Industry

北京·BEIJING

内 容 简 介

本书共 5 章，第 1 章为 LCP 材料简介及制备工艺，第 2 章为多层 LCP 电路板中过孔互连结构的研究，第 3 章为毫米波射频前端系统中键合线电路的分析与设计，第 4 章为微带线-微带线槽线耦合过渡结构，第 5 章为基于 LCP 无源器件的设计与研究。

本书从 LCP 电路的制备工艺讲起，系统地阐述了双层及多层 LCP 电路板的制备过程，以及激光开腔工艺的实现方法，为电路设计工程技术人员提供了工艺参考。同时，本书对多层 LCP 电路板中过孔互连结构的建模进行了深入的讨论，为毫米波宽带电路设计提供了借鉴。为了克服多层 LCP 电路板中过孔不易实现的难题，本书对槽线耦合过渡结构进行了系统研究，并且基于多模耦合理论，设计了毫米波频段的超宽带过渡结构。LCP 无源器件的设计为 LCP 电路系统一体化集成提供了优异的解决方案。本书可作为微波、毫米波电路设计人员的参考资料。

图书在版编目（CIP）数据

基于多层 LCP 基板的高密度系统集成技术 / 刘维红等著. —北京：电子工业出版社，2024.2

（微电子与集成电路技术丛书）

ISBN 978-7-121-47278-7

Ⅰ. ①基… Ⅱ. ①刘… Ⅲ. ①集成电路－电路设计 Ⅳ. ①TN402

中国国家版本馆 CIP 数据核字（2024）第 037045 号

责任编辑：刘志红　　　　　特约编辑：田学清
印　　刷：三河市双峰印刷装订有限公司
装　　订：三河市双峰印刷装订有限公司
出版发行：电子工业出版社
　　　　　北京市海淀区万寿路 173 信箱　　　邮编：100036
开　　本：787×980　　1/16　　印张：14　　　字数：303 千字
版　　次：2024 年 2 月第 1 版
印　　次：2024 年 2 月第 1 次印刷
定　　价：98.00 元

凡所购买电子工业出版社图书有缺损问题，请向购买书店调换。若书店售缺，请与本社发行部联系，联系及邮购电话：（010）88254888，88258888。

质量投诉请发邮件至 zlts@phei.com.cn，盗版侵权举报请发邮件至 dbqq@phei.com.cn。

本书咨询联系方式：（010）88254479，lzhmails@163.com。

前　言

随着无线通信技术的飞速发展，现代电子系统不断朝高频化、高密度集成方向发展，LCP以其优异的微波、毫米波特性，被广泛应用于高频多层电路板和电子封装。作为一种崭新的电路集成基板和封装材料，对 LCP 进行关键工艺制备、多层电路板设计，以及多层电路板互连结构建模尤为重要。本书基于当前 LCP 薄膜的高密度系统集成中的关键技术，详细介绍了多层 LCP 基板的制造工艺，深入分析了过孔互连结构的宽带等效电路模型、超宽带电磁耦合结构设计，以及自封装无源器件的设计。

本书由西安邮电大学刘维红组织编写，张博、陈柳杨、刘烨、刘清冉、关东阳、谢端、吴昊谦参与了本书的编撰工作。其中，刘维红负责本书的构思和策划，并进行第 1 章内容的修订，刘烨负责第 2 章内容的修订，陈柳杨负责第 3 章内容的修订，关东阳负责第 4 章内容的修订，刘清冉负责第 5 章内容的修订。张博、谢端、吴昊谦参与了修改工作。

由于毫米波射频前端系统集成的飞速发展，急需进行相关封装结构的探索。进行封装结构设计，基板材料的选取及基板的加工技术突破是实现毫米波射频前端模块的关键。基于本课题组及合作企业的前期努力，我们已经实现了多层 LCP 基板的加工，成功地在基板中设计并实现了无源、有源芯片的一体化集成，为实现毫米波射频前端模块的设计和产业化提供了坚实的技术支撑。尽管本课题组前期对 LCP 高密度系统集成进行了尝试，但是仍然有更多的研究工作去做，所以存在一些疏漏之处，希望广大读者批评指正。

著者

目 录

第1章 LCP材料简介及制备工艺

LCP（Liquid Crystal Polymer，液晶聚合物）以其优异的介电特性和便捷的加工工艺，被广泛应用于天线设计及高密度射频封装基板加工。研究表明，LCP在DC-300GHz的频率范围内能够保持稳定的介电常数和介电损耗。

1.1 LCP材料的发展历史

LCP是20世纪80年代初期发展起来的一种新型高性能工程塑料，是一种由刚性分子链构成的，在一定物理条件下兼具液体流动性和晶体各向异性（此状态称为液晶态）的高分子材料。LCP主要包括溶致性液晶聚合物（LLCP）、热致性液晶聚合物（TLCP）和压致性液晶聚合物三大类[1,2]。顾名思义，溶致性液晶聚合物的液晶态是在溶液中形成的，热致性液晶聚合物的液晶态是在熔体中或玻璃化温度以上形成的，压致性液晶聚合物的液晶态是在压力下形成的（此类液晶高分子品种极少）。LCP的研发生产集中在美国和日本，美国率先发明，日本后来居上。LCP根据合成单体的不同可划分为Ⅰ型、Ⅱ型和Ⅲ型[3]，结构图如图1.1所示。

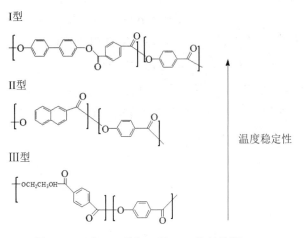

图1.1　Ⅰ型、Ⅱ型和Ⅲ型LCP的结构图

Ⅰ型 LCP 最早在 1972 年由美国 CBO 公司的 Economy J 和 Cottis S 率先研发并投入生产，申请牌号为 Ekonol，这是第一款商业化 LCP。1979 年住友化学公司引进了该技术，并自主研发了 E2000 系列，标志着日本也拥有了 LCP 生产技术。1984 年 CBO 公司将技术转让给 Dart 公司，索尔维通过整合 Dart 公司掌握了 LCP 生产技术，推出了 Xydar 牌号产品。Ⅰ型 LCP 单体由 PHB（聚-β-羟丁酸）、BP（联苯二酚）和 TPA（热塑性橡胶）构成，其结构图如图 1.2 所示，结构中的苯环属于刚性链段，因此耐热性能极高，热变形温度（Heat Distortion Temperature，HDT）可达到 300℃以上且拉伸性能好，但是加工性能较一般。其下游产品主要用于电子元器件，如连接器等。

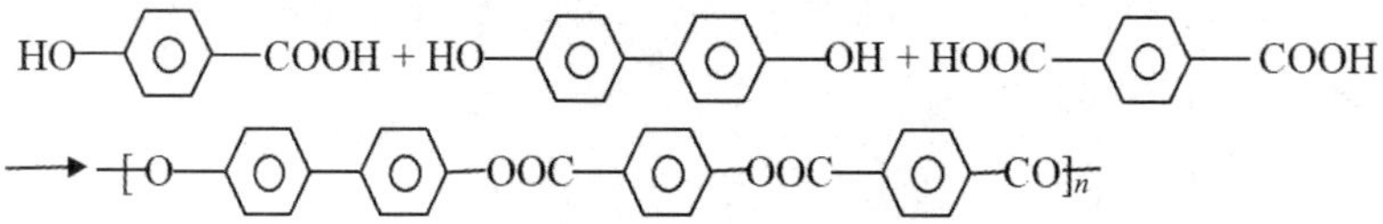

图 1.2　Ⅰ型 LCP 单体的结构图

Ⅱ型 LCP 于 1984 年由 Hoechst-Celanese 公司开发成功，1985 年开始生产 Vectra 牌号产品。美国塞拉尼斯公司（现泰科纳公司）和杜邦公司是全球最早研发 LCP 材料并投入生产的企业，在 LCP 原材料生产和产品制造技术方面积聚了非常雄厚的实力。塞拉尼斯于 1985 年开始生产以 HBA/HNA 为主链的 LCP 树脂，目前泰科纳公司将 LCP 业务发展成为全球重要的 LCP 树脂生产大厂，并于 2010 年收购了杜邦 LCP 生产线 Zenite 系列，成为 LCP 树脂龙头企业，产能可达 22000 吨/年，美国杜邦公司在 1994 年推出了 Zenite 系列 LCP 产品，2003 年收购了 Eastman Chemical 公司的 Titan 部门，纳入了 Zenite 生产线。杜邦 Zenite 系列 LCP 产品的优势在于具有更短的生产周期、更好的流动性和更高的热变形温度。1964 年，为了保证在亚洲地区的化工生产，美国泰科纳公司与日本大赛珞化学公司合资成立了 Poly plastics（宝理塑料）。1996 年，宝理塑料从塞拉尼斯引进了 LCP 生产技术，生产了牌号为 LAPEROS 的 LCP 产品，具备年产 15000 吨的 LCP 生产线。经过多年的发展，宝理塑料开发了 LAPEROS 系列 LCP 产品，该产品不仅具有数量级的机械强度、高弹性模量，而且具有优异的振动吸收性能，堪称下一代超级工程塑料。在 CHINAPLAS 2019 国际橡塑展上，宝理塑料带来了其应用于 5G 通信的低介电 LCP 材料。Ⅱ型 LCP 单体由 PHB 和 HNA（羟基萘甲酸）构成，其结构图如图 1.3 所示，单体构成最简单，相对分子量最大，综合性能表现十分突出，既有高耐热性能，又有很好的加工性能，是最适宜生产天线材料的 LCP。

图 1.3　Ⅱ型 LCP 单体的结构图

Ⅲ型 LCP 是在 1976 年由伊斯曼-柯达公司最先研发的，于 1986 年开始生产 X-7G 牌号产品。1994 年东丽公司开始生产 Siveras 牌号产品。Ⅲ型 LCP 单体由 HBA（对羟基苯甲酸）和 PET（聚对苯二甲酸乙二醇酯）构成，其结构图如图 1.4 所示，由乙二醇形成的酯基结构使得分子链中的柔性链段增加，从而导致材料热变形温度降低。因此，Ⅲ型 LCP 的耐热性能略差，只适用于生产连接管和传感器的塑料，是目前使用最少的 LCP。

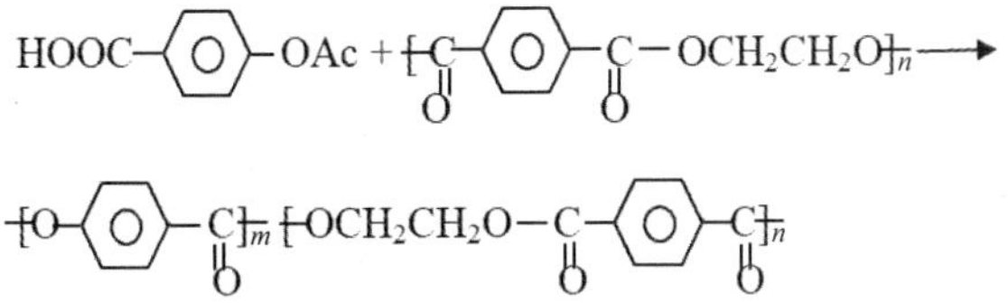

图 1.4　Ⅲ型 LCP 单体的结构图

目前来看，LCP 供应主要被美国与日本的企业垄断，全球 LCP 产能约为 6 万吨。材料的高技术壁垒使得 LCP 生产主要集中在美国与日本，美国的塞拉尼斯、日本的宝理塑料及住友化学是主要的供应商，约占全球产能的 70%。LCP 产能分布如表 1.1 所示。我国进入 LCP 领域较晚，受技术及产品质量因素的影响，LCP 市场供不应求的特征明显，长期依赖进口。随着近几年的发展，我国相继引入多家生产企业进行投产，其中沃特股份、金发科技、普利特、聚嘉新材料等公司占主流。尽管 LCP 行业在我国产能较少，但是其发展仍然十分迅速，我国所使用的 LCP 挠性板大多来自广东东莞生益科技股份有限公司，而沃特股份于 2014 年收购三星精密的全部 LCP 业务，是目前全球唯一可以连续生产Ⅰ型、Ⅱ型和Ⅲ型 LCP 树脂及复合材料的企业，目前产能 3000 吨/年，材料产品在 5G 高速连接器、振子等方面得到了成功推广和应用，针对传统材料无法适应新通信条件下的环保、低吸水要求，LCP 材料成功取代了传统材料。

表 1.1　LCP 产能分布

国家	LCP 研发进程	产能分布	亮点
美国	1985 年开始对 LCP 进行研发，技术研发及生产实力均较强	34%	其 LCP 系列产品已涵盖Ⅰ型、Ⅱ型和Ⅲ型，经历了 3 次升级
日本	研发紧跟美国步伐，在 LCP 材料领域进行了深度积累，研发及生产实力均较完整	45%	苹果 LCP 独家供应商
中国	长期依赖进口，可量产，但企业产能较少	21%	沃特股份是全球唯一可以连续生产 3 个型号 LCP 树脂及复合材料的企业

1.2　LCP 材料的基本特性

LCP 树脂一般为米黄色，也有呈白色的不透明的固体粉末，密度为 1.4～1.7g/cm³。LCP 与其他有机高分子材料相比，具有较为独特的分子结构和热行为，它的分子由刚性棒状大分子链组成，受热熔融或被溶剂溶解后形成一种兼有固体和液体部分性质的液晶态[4-6]。LCP 的这种特殊相态结构导致其具有如下优点。

（1）物理性能。

自增强性，具有异常规整的纤维状结构特点，因而不增强的液晶塑料可达到甚至超过普通工程塑料用百分之几十玻璃纤维增强后的机械强度及其模量的水平，如果用玻璃纤维、碳纤维等增强，更远远超过其他工程塑料。

不增强时的收缩高异向性，纤维填充后可稍微降低，这种特性和其他塑料刚好相反，并且具有很高的尺寸稳定性和尺寸精度。

（2）力学性能。

优异的机械性能，厚度越薄，拉伸强度越大，熔接强度低；性能与树脂流动方向相关；几乎为零的蠕变；耐磨、减磨性优越。

线性热膨胀系数（CLTE）低，LCP 流动方向的 CLTE 一般为 10^{-5}cm/cm℃，可与金属匹敌，比一般塑料小一个数量级。由于 LCP 在熔融状态下已有结晶性，不像普通结晶性塑料那样加工成制品后冷却时发生体积收缩，故制品尺寸精度高，LCP 的热膨胀系数（CTE）主要有两个突出的特性：一是液晶分子取向方向的 CTE 为负值，而与它取向方向成垂直方向的 CTE 为正值；二是可以通过调节 LCP 的分子取向和排列结构的比例控制 CTE 的性能。表 1.2 所示为典型工程塑料和 LCP 的主要力学性能。可以看出，LCP 的拉伸强度比 PE 高 6 倍，比 PET、PC、PEEK 高 10 倍，比尼龙 66 高 2.5 倍，拉伸模量比 PE 高 20 倍，比 PC、PEEK 高 8.57 倍，比 PET 和尼龙 66 高 6 倍。

表 1.2　典型工程塑料和 LCP 的主要力学性能

工程塑料	主要力学性能	
	拉伸强度/MPa	拉伸模量/GPa
PE	34.3	1.03
PC	68.6	2.40

续表

工程塑料	主要力学性能	
	拉伸强度/MPa	拉伸模量/GPa
PET	68.6	3.43
PEEK	68.6	2.40
尼龙 66	82.3	3.43
PET+GF（30%～40%）	157.8	10.3
LCP	205.8	20.58

（3）电学性能。

绝缘强度高和介电常数低，在 1～40GHz 频率范围内，介电常数约为 3，损耗因数小于 0.0035；在 40～104.60GHz 频率范围内，介电常数约为 3.16，频率达到 97GHz 时损耗因数仍小于 0.0049。而且二者都很少随温度变化而变化，导热和导电性能低，其体积电阻一般高达 $10^{13}\Omega\cdot m$，抗电弧性也较高。LCP 优良的高频特性解决了一般封装基板在高频时出现的严重信号损失问题，被广泛应用于高频电路板、高频连接器等领域。

（4）机械性能。

LCP 是指在一定条件下能以液晶相存在的高分子材料，其特点为分子具有较高的分子量且取向有序。LCP 以液晶相存在时黏度较低，且高度取向，而将其冷却、固化后，它的形态又可以稳定地保持，因此 LCP 具有优异的机械性能。

（5）燃烧性能。

出色的难燃性，在不添加阻燃剂的情况下，TLCP 材料对火焰具有自熄性，可达 UL 94 V-0 级的阻燃性。燃烧产物主要是二氧化碳和水，在火焰中不滴落，不产生有毒烟雾。Xydar 按烟法 NBS-D4 测定的烟密度为 3～5，这些在塑料中都是少见的，TLCP 材料是防火安全性最好的塑料之一。LCP 材料的耐气候性、耐辐射性良好，是防火安全性最好的特种塑料之一。

（6）化学稳定性。

耐腐蚀性能好，LCP 产品在浓度为 90%酸及浓度为 50%碱的存在下不会受到侵蚀。对于工业溶剂、燃料油、洗涤剂及热水，接触后不会被溶解，也不会引起应力开裂。例如，将 Xydar 浸于 50℃的 20%硫酸中 11 天，拉伸强度保持 98%，在 82℃的热水中浸 4000 小时，性能不变。

（7）耐热性能。

优异的耐热性能，热分解温度为 500℃、热变形温度高（160～340℃，与品级有关）、连续使用温度为-50～240℃、耐焊锡焊温度（在 260℃下保持 10 秒，升高到 310℃保持 10 秒）Xydar

的熔点为 421℃，在空气环境条件下 560℃、在氮气环境条件下 567℃，Xydar 开始分解，其热变形温度高达 355℃，Ekonol 的热变形温度为 293℃。Xydar 可在-50～240℃下连续使用，仍有优良的冲击韧性和尺寸稳定性。Xydar 不受锡焊合金熔化的影响，Ekonol 耐 320℃焊锡浸渍 5 分钟，玻纤增强级 Vectra 也可耐 260～280℃焊锡完全浸渍 10 秒。

（8）耐候性能。

耐气候性、耐辐射性良好；对微波透明。LCP 材料的耐气候性优于多数塑料，Xydar 加速气候老化 4000 小时仍保持优良性能。Vectra 气候老化照射 2000 小时，性能指标保持 90%～100%，高温（200℃）老化 180 天，拉伸强度和伸长率仍保持在 50%以上。LCP 经碳弧加速紫外线照射 6700 小时，或者 Co60 核辐射 10 兆拉德后，性能不显著下降。对微波辐射透明，不易发热。

（9）加工性能。

LCP 熔体黏度低、流动性好，故成型压力低、周期短，可加工成壁薄、细长和形状复杂的制品；高流动性和低毛边性，非常适用于小型电子零部件的成型；加工 LCP 时也不需要脱模剂和后处理，由于 LCP 材料的分子在与金属模具相接触的表面形成了坚固的定向层，因此加工工件的表面非常平整光滑。

相应地，TLCP 材料也存在以下缺点。

（1）由于 TLCP 材料的取向在水平方向上强而在垂直方向上弱，因此加工工件的表面表现出强烈的各向异性。

（2）在模腔内两股物料汇聚处，由于结晶的形成是依焊线取向的，故其强度降低，设计模具时应对此点加以充分考虑。

（3）薄型成型品存在脆性。

（4）由于 TLCP 材料本身不透明，所以对其进行着色加工的可能性有限。

（5）TLCP 材料售价较昂贵，导致成本增加。

1.3 LCP 材料的应用

LCP 材料的产能主要集中在美国和日本，行业集中度较高。2019 年全球 LCP 树脂产能约为 7.6 万吨，主要集中在美国、日本和中国，占比分别为 34%、45%和 21%。在电子电器领域，LCP 可应用于高密度连接器、线圈架、线轴、基片载体、电容器外壳等；在汽车工业领域，LCP 可用于汽车燃烧系统元件、燃烧泵、隔热部件、精密元件、电子元器件等；在航空航天领域，LCP 可用于雷达天线屏蔽罩、耐高温耐辐射壳体等领域[7]。

（1）封装基板材料。

传统的封装基板材料多采用环氧玻璃、氟系列和陶瓷。目前市场上最常用的是玻璃纤维环氧树脂（FR-4），但是对于超过10GHz的高频系统，其电性能非常差，因此在高频领域的应用受到了很大的限制[8]。对于氟系列介质基板PTFE，其具有非常稳定的化学性能和高频高温下优异的电气性能，优于常用的热固性材料，但玻璃纤维化温度很低，因而刚性很差。在制作PCB（Printed Circuit Board，印制电路板）的过程中，需要特殊的加工工艺，导致高频PCB的成品率不高而成本相对较高[9]。而对于陶瓷基板材料，主要有Al_2O_3、SiC、Si_3N_4等，其具有良好的热学、电学性质及力学性能，应用较广泛。LCP可以加入高填充剂作为集成电路封装基板材料，以代替环氧树脂作为线圈骨架的封装基板材料或作为光纤电缆接头护头套和高强度元件，代替陶瓷作为化工用分离塔中的填充材料等。而近年来随着无线通信产业的迅猛发展，低介电常数、高力学强度、便于高频信号传输的多层低温共烧陶瓷（LTCC）基板的应用也越来越广泛[10]。与传统的PCB和LTCC基板相比，LCP基板有很多优良的特性，具体参数比较如表1.3所示，计算机用封装基板、汽车控制电路用基板及其他高密度封装基板也更多地采用多层LTCC基板。近年来，PPO（聚苯醚）树脂及其改性树脂具有良好的力学性能、绝缘性能、耐热性能等，已成为高性能高频电路基板材料的可选产品。

表1.3 PCB、LTCC基板和LCP基板的具体参数比较

参数名称	PCB	LTCC基板	LCP基板
介电常数	3.48	5.9	2.9
损耗角正切值	0.0037	0.0025	0.0020
价格	较低	高	低
加工难易度	简单	较难	一般

（2）高强度高模量材料。

LCP材料具有低吸湿性、耐化学腐蚀性、耐候性能、耐热性能、阻燃性及低介电常数和介电损耗因数等特点，并且分子主链或侧链带有介晶基元的液晶高分子，在外力场容易发生分子链取向。利用这一特性可制得高强度高模量材料。例如，PPTA（聚对苯二甲酸对苯二胺）在用浓硫酸溶液纺丝后，可得到著名的Kevlar纤维，比强度为钢丝的6～7倍，比模量为钢丝或玻璃纤维的2～3倍，而密度只有钢丝的1/5。此纤维可在-45～200℃下使用。LCP具有高强度、高模量和低相对密度的特点，可用于雷达天线罩、飞机、防弹背心、火箭外壳材料、软着陆降落伞绳带和海底电视电缆等[11]。

（3）柔性电路设计。

最初，美国发明TLCP材料后将其主要作为微波炉等其他炉具的耐高温材料。由于利润不高，

美国逐渐退出生产领域，而日本则持续关注 LCP 材料的生产和研发。随着工程领域对特殊性材料的需求日益增长，LCP 因其特有的物理性能重新进入大众的视野。由于 LCP 具有柔韧性，更容易与汽车发动器罩、飞机机翼前沿等弯曲表面相匹配，可以进行柔性电路设计，因此可广泛应用于航空航天、医疗、个人穿戴电子设备、车载电子系统等领域[12]。其他功能应用也很广泛，如消费材料类用于电磁炉灶容器、包装材料及体育器材；医疗器材类用于外科设备、插管、腹腔镜和齿科材料等；体育器材用于网球拍、滑雪器材等；视听设备用于耳机开关、扬声器振动板等材料。近年来，已有国内外学者针对柔性电路进行了大量研究和商业应用。图 1.5 展示了一些使用柔性材料制作的产品，我国新研制的"歼-20"飞机的前机身两侧和下方蒙皮表面没有像三代机那样大量使用突出于机身的刀形天线，而是使用数量繁多的嵌入式共性天线，如图 1.5（a）所示；由电子科技大学宋远强副教授、张怀武教授和哈尔滨工业大学解维华研究小组联合研发的可同时感应压力和摩擦力的柔性电子感应皮肤如图 1.5（b）所示；华为公司新推出的折叠屏手机如图 1.5（c）所示；可穿戴设备如图 1.5（d）所示。

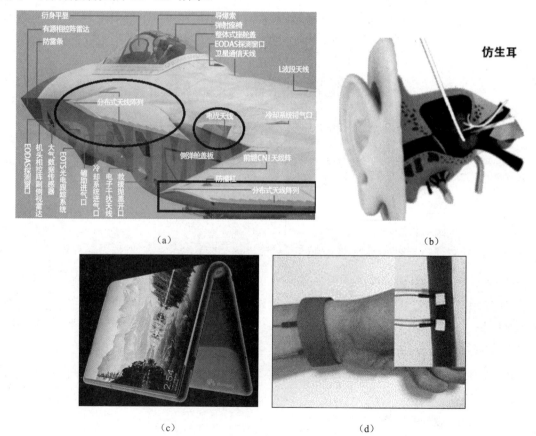

（a）

（b）

（c）

（d）

图 1.5　使用柔性材料制作的产品

（4）塑料加工助剂。

LCP具备的许多独特的性能使它在塑料加工助剂行业中的应用日益广泛。利用液晶性，可以将其作为PET的结晶成核剂，改善PET工程塑料加工性；利用高强度高模量的特性，可以将其制成纤维，替代玻璃纤维、矿物填料，达到减轻对设备的磨耗及降低材料比重的目的，或者直接将TLCP与其他树脂形成原位复合，起到提高强度和模量的作用，可以实现许多通用塑料的高性能化。借助加工设备，TLCP可与高分子材料实现分子水平的复合，所制备的分子复合材料具有更优异的综合性能。利用高流动性的特点，可以将其作为难以加工成型的塑料的流动改性剂，扩大某些因流动性差而很难热塑成型的塑料或根本无法热塑成型的塑料的应用范围。总之，TLCP除了可直接用于高性能制品，还是有效的改性增强剂和塑料加工助剂，被誉为21世纪的新材料。

（5）基站天线振子。

天线振子是天线的核心部件，主要负责将信号放大和控制信号辐射方向，同样可以使天线接收到的电磁信号更强。目前，振子的材料均为金属，主要问题是造价昂贵且质量过大，给天线的质量控制带来了很大的难度。而使用塑料作为天线主材，不仅可大幅度地减小质量，而且可以很好地控制振子的成本。在5G天线振子设计中，有两个方案：一是激光镭射挂镀塑料（LDS）与金属相结合，用LDS做天线振子，背面采用金属降低成本，不需要所有的地方都做化学镀；二是用PPS（聚苯硫醚）或LCP做电镀。由于需要SMT（表面贴装技术）回流焊，因此选择的基本上都是高温工程塑料。现在有些厂商采用PPS，今后会用LCP，LCP的介电损耗更低，在2.5 GHz的情况下PPS的介电损耗约为4%。振子用LCP材料的原因是在实际频率下，LCP的介电损耗为1.5%，在2.5 GHz的情况下可能会更低。5G天线振子目前使用PPS较多，但最后还是会被LCP替代。基站天线振子的形状如图1.6所示。

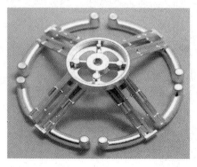
（a）

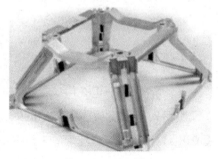
（b）

图1.6 基站天线振子的形状

1.4 单层 LCP 基板制备工艺

LCP 基板同传统的柔性电路（Flexible Printed Circuit，FPC）基板在特性方面有许多相同之处，其质量较小，可以减小整个器件封装后的质量，适用于航空电子器件；厚度薄，可以缩小器件集成后的体积，符合现在微波元件的小型化需求；弯折性好，在嵌入电路设计后，表现出良好的散热性和安装的便捷性。因此，单层 LCP 基板制备工艺采用传统的 FPC 基板制备技术，工艺流程如图 1.7 所示。

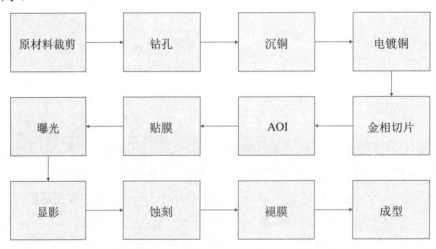

图 1.7　单层 LCP 基板制备工艺流程

（1）原材料裁剪：根据不同的电路设计尺寸，合理裁剪基板，使基板利用率最大化，裁剪方法包括手工剪切、滚刀剪切和自动剪切。

（2）钻孔：根据电路的不同属性，基板钻孔分为铜连接通孔、电磁屏蔽孔和定位对板孔，钻孔方式有数控钻孔、激光钻孔、化学腐蚀等，对于 LCP 基板，大多数采用激光钻孔的方式，根据不同厂家的工艺水平，钻孔大小也不同。目前在 LCP 基板中，加工通孔的直径为 0.2 mm。

（3）沉铜：在整个初步加工后的电路基板上沉积一层铜，一是初步使连接通孔和屏蔽孔内壁覆盖一层铜，起到电连接属性；二是为后续流程的电镀铜做基础。

（4）电镀铜：主要对沉铜后的金属化通孔做进一步加工，使孔内壁的铜足够厚，防止在实际使用时孔内壁上的铜脱落，影响器件的稳定性。

（5）金相切片：切割镀铜样片，观察孔内壁是否镀铜完全，镀层和基板表面的连接是否存在缝隙。

（6）AOI：高速高精度光学影像检测系统，运用机器视觉作为检测标准技术，可以改良传统上以人力使用光学仪器进行检测的缺点。

（7）贴膜：清洗基板后，在基板表面覆盖一层干膜，作为腐蚀阻刻层。

（8）曝光：采用影像转移的方式，把仿真好的版图图形以紫外线曝光的方式刻印到干膜上，曝光用的菲林片大多为负片方式，经过紫外线曝光后，透光的部分为设计的版图线路。

（9）显影：将曝光后的干膜经特殊显像药水冲洗，可以去除未曝光的干膜部分，露出干膜下面的铜层。

（10）蚀刻：将去除干膜部分的铜层侵入腐蚀药水，冲洗掉没有保护部分的铜层。

（11）褪膜：使还覆盖在铜层上的干膜和基板分离，留下保护的铜层为版图设计的图形线路。

（12）成型：对加工完成后的基板进行调试，验证电路的电气性能是否完好。

表 1.4 所示为传统设计所用单层双面覆铜 LCP 基板的具体参数，在研究设计过程中必须考虑到加工厂商的工艺极限。其中，金属线宽不得小于 0.1 mm，线间距大于 0.15 mm，孔径最小为 0.15 mm。

表 1.4　单层双面覆铜 LCP 基板的具体参数

基板参数		工艺极限	
介电常数	2.9	最小线宽/mm	0.1
正切损耗角	0.0025	最小间距/mm	0.15
基板厚度/mm	0.05	最小孔径/mm	0.15
金属板厚度/mm	0.018		

（1）双层板工艺。

本课题与中科翌鑫电路科技有限公司进行合作，探索 LCP 基板制作双层电路板的加工工艺。图 1.8 所示为双面覆铜 LCP 基板的叠构示意图，由顶层、底层和中心介质 LCP 组成，而 LCP 基板制作双层电路板的主要工艺流程是开料→钻孔→镀通孔→压膜→曝光→显影→蚀刻→褪膜→印阻焊→浸镍金→烘烤→包装，如图 1.9 所示。

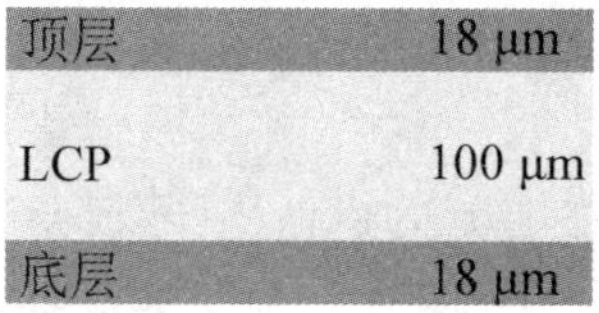

顶层	18 μm
LCP	100 μm
底层	18 μm

图 1.8　双面覆铜 LCP 基板的叠构示意图

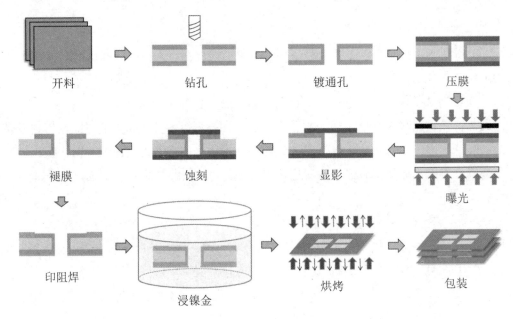

开料　　　　钻孔　　　　镀通孔　　　　压膜

褪膜　　　　蚀刻　　　　显影　　　　曝光

印阻焊　　　　浸镍金　　　　烘烤　　　　包装

图 1.9　LCP 基板制作双层电路板的主要工艺流程

　　开料的作用是将尺寸较大的 LCP 基板按照工艺尺寸规格分割成多块便于加工的小块板材。钻孔的目的是按照电路要求，在需要的地方将基板打穿，做成通孔。镀通孔的目的是在打好的通孔内壁沉积一层薄铜，使顶层与底层形成电气连接。压膜分为压干膜和压湿膜两种，干膜相比湿膜来说具有更好的品质和稳定性，为后续的曝光和显影做准备，这道工序会在 LCP 基板的铜层表面附上一层蓝色的感光膜。曝光是使用紫外线照射线路菲林，对于线路菲林，有线路的地方是透明的，没线路的地方是黑色的，这样紫外线会透过有线路的地方并对感光膜进行充分曝光，使感光膜固化，在铜层表面形成一层保护膜。显影是使用显影液将未经曝光的感光膜去除，只留下曝光部分。在曝光和显影之后，非线路部分的铜层暴露在空气中，而蚀刻可以去掉这些非线路部分的铜层，只留下线路部分。褪膜可以褪去曝光后的感光膜，露出线路部分的铜层，这道工序做完时 PCB 已经初步成型。印阻焊可以在 PCB 非焊接区域的表面形成一层保护膜，达到防焊、绝缘与防止线路氧化的目的。浸镍金可以在焊接区域镀上一层镍合金，使元器件的焊接更容易，并防止焊接区域氧化。烘烤可以使镍合金层与铜层的结合更加稳定，增加电路板的可靠性。对电路板进行检验包装，至此，双层电路板生产完成。

　　该双层电路板生产工艺的优点是工序较少、成本低，对于简单电路的生产，双层电路板优势明显。缺点是该生产工艺所使用的钻孔方式为机械钻孔，使双层电路板通孔的最小孔径为 0.2 mm。大孔径将占据元器件组装面积，增加布线难度，不适合复杂电路的集成。

1.5　多层 LCP 基板制备工艺

随着微波通信行业的快速发展，双层微波电路由于体积过大、性能单一，已经无法满足现在的设计要求，因此高集成度的微波器件成为现今的发展主流。多层 LCP 基板能够通过层压的方式，将单层 LCP 基板叠加到一起，器件由二维方向向三维方向发展，增加电路布线层数，使电路设计更加灵活，解决线路的串扰和交叉等问题，既有利于实现电路性能指标，又可以达到缩小电路体积的目的。同时，可以将芯片埋置在多层 LCP 基板内，实现有源/无源系统的集成。多层 LCP 基板的相关参数如表 1.5 所示[13]。

表 1.5　多层 LCP 基板的相关参数

基板参数	介质层	黏结层	工艺极限	
介电常数	2.9	2.52	最小线宽/mm	0.13
正切损耗角	0.0025	0.002	最小间距/mm	0.15
基板厚度/mm	0.05	0.025	最小孔径/mm	0.15
金属板厚度/mm	0.018			

多层 LCP 基板的制备采用挠性板工艺，本书以 4 层 LCP 基板的加工为例，其制作流程如下。

（1）本书设计的多层 LCP 电路板选用松下公司的 LCP 微波基板材料 R-F705S 进行层压，双面覆铜 LCP 基板基材的规格为 18 μm（CU）-100 μm（LCP）-18 μm（CU），其主要性能指标如表 1.6 所示。首先将 2 块双面覆铜 LCP 基板均蚀刻为单面覆铜 LCP 基板，用作多层 LCP 电路板的外层电路，对另一块完整的双面覆铜 LCP 基板进行 DES（显影、蚀刻和褪膜）加工以形成内层图形。为了提高产品结合力，对内层（2、3 层）的双面覆铜 LCP 基板和外层（1、4 层）的单面覆铜 LCP 基板进行等离子粗化处理，以增加接触面的粗糙度，方便下一步压合。

表 1.6　R-F705S 的主要性能指标

性能	典型值	单位	测试条件
介电常数（10GHz）	3.3	—	空腔谐振器
损耗角正切值（10GHz）	0.002	—	空腔谐振器
表面电阻	4.0×10^{16}	Ω	JIS C6471
剥离强度[1]（1/2oz，电解铜箔）	1.0	N/m	IPC-TM-650
吸水率（25℃，50 小时）	0.04%		IPC-TM-650
热膨胀系数 X	18	ppm/℃	TMA

性能	典型值	单位	测试条件
热膨胀系数 Y	18	ppm/℃	TMA
热膨胀系数 Z	209	ppm/℃	TMA
抗张强度 [2]	150	MPa	IPC-TM-650
熔化温度	310	℃	DSC
阻燃性	VTM-0(*1)	—	UL 94

[1] 剥离强度：剥离强度是指黏在一起的材料，从接触面进行单位宽度剥离时所需的最大力，反映了材料的黏结强度。

[2] 抗张强度：抗张强度是物体破裂（断裂）前能抵抗的最大张应力。

（2）多层 LCP 电路板的对位压合是制作的关键。压合时要进行镭射对位靶点制作，在内层板的短边上制作 4 个直径为 0.5 mm 的阴 PAD，对应钻孔面图形做直径为 3.0 mm 的掏铜避位。由于设计的镭射盲孔是二阶孔，会经过黏合层，所以黏合层和基材同样做直径为 3.0 mm 的掏铜避位，同时做防错处理。压合时采用 LCP 专用的低损耗纯胶作为黏结片，为了和基板配合使用，LCP 射频前端多层板黏合层选用松下公司的 R-BM17 低损耗纯胶，其性能参数如表 1.7 所示。

表 1.7　R-BM17 的性能参数

性能	典型值	单位	测试条件
介电常数（10GHz）	2.18	—	空腔谐振器
损耗角正切值（10GHz）	0.0011	—	空腔谐振器
表面电阻	$>1.0×10^{13}$	Ω	JIS K6911
剥离强度（与电解铜箔）	0.8	N/m	IPC-TM-650
剥离强度（与 R-F705S）	1.08	N/m	IPC-TM-650
吸水率（25℃，50 小时）	0.3%	—	IPC-TM-650
热膨胀系数 $X·Y$	276	ppm/℃	TMA
热膨胀系数 Z	446	ppm/℃	TMA
玻璃化转变温度 [1]	134	℃	TMA
阻燃性	YTM-0(*1)	—	UL 94

[1] 玻璃化转变温度：玻璃化转变温度是指由玻璃态转变为高弹态对应的温度。根据高分子的运动力形式不同，绝大多数 LCP 可处于玻璃态、高弹态和黏流态三种物理状态，而玻璃化转变则是高弹态和玻璃态之间的转变。在玻璃化转变温度以下，LCP 处于玻璃态，分子链和链段都不能运动，只是构成分子的原子（或基团）在其平衡位置做振动；而在玻璃化转变温度时，分子链虽不能移动，但是链段开始运动，表现出高弹性，温度升高，使整个分子链运动而表现出黏流性。

为探索最佳的压合条件，考虑基材 R-F705S 的剥离强度、熔化温度与 R-BM17 的剥离强度和玻璃化转变温度，对压合时关键的压力和温度进行多次尝试，得出最佳压合工艺示意图，如图 1.10 所示。

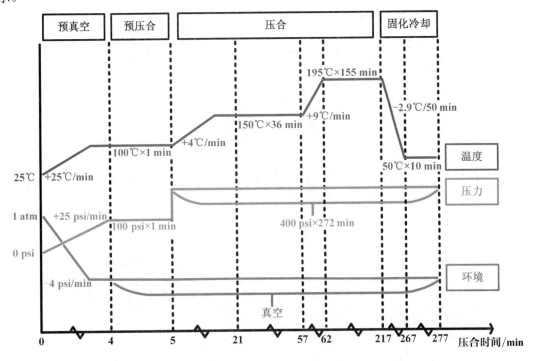

图 1.10　最佳压合工艺示意图

（3）对位压合之后，进行激光盲孔的制作。因为 LCP 基板对 355 nm 紫外波段具有很强的吸收性，因此利用 YAG 紫外激光进行激光钻孔。为了减小钻孔时产生的热量对 LCP 基板的损伤，采用峰值钻井技术和飞秒激光加工，钻孔后用等离子体进行清洗，去除孔内的残胶和激光钻孔产生的碳化杂质。图 1.11 所示为多层 LCP 基板中通孔和盲孔的切片图，从图中可以看出，采用机械加工的通孔为标准的圆柱形，而采用激光加工的盲孔则呈现倒梯形。所加工制作的通孔、盲孔精度高，表面光滑，无断裂和凸起等瑕疵，非常适用于多层 LCP 电路板的制作。

（4）盲孔制备完毕后，进行多层电路板外围电路的制作，为了更好地实现金丝键合工艺，在 LCP 多层板焊盘铜箔表面进行化金处理。为了进行芯片内埋，LCP 多层板在各芯片相应位置处进行激光开腔处理，激光开腔的局部切片图如图 1.12 所示。从图中可以看出，和激光盲孔类似，激光开腔产生的腔体形状为倒梯形。线路与腔体外延的间距基本保持在 100 μm 左右。因开腔大小不同，腔体外延与腔体底部之间的间距大小不等，但是均可控制在 50 μm 以内。因此，为了避免开腔大小对贴片的影响，在开腔规范中要结合工艺水平进行相应尺寸说明。为了防止 LCP 基板对贴片带来的影响，在各腔体处做了补强。通过在 4 层板表层开腔将芯片置于腔体之内，进一步缩短芯片焊盘与板级焊盘之间键合线的长度，进而改善其传输特性。将芯片内埋于腔体之内，既可起到屏蔽作用，又可使芯片背面与第 2 层整片铜皮直接接触，在最大程度上改善芯片的散热问题。

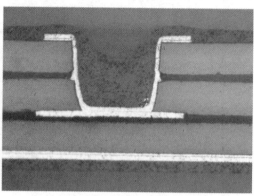

（a）通孔　　　　　　　　　　　　（b）盲孔

图 1.11　多层 LCP 基板中通孔和盲孔的切片图

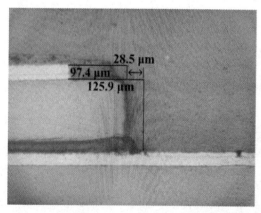
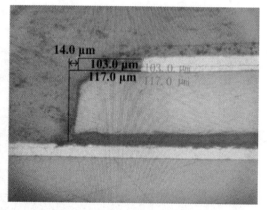

图 1.12　激光开腔的局部切片图

　　多层 LCP 基板是单层 LCP 基板与黏结片采用层压的方式制作成的，增加了电路布线层数，并且采用金属过孔实现层间信号互连，使电路设计变得更加灵活。本课题通过与安捷利（番禺）电子实业有限公司进行合作，选用日本松下公司的 RF-705S 型双面覆铜 LCP 基板和 R-BM17 型黏结片加工了一种包含 4 层金属、3 层 LCP 介质层和 2 层黏合层的多层 LCP 基板，该基板总厚度为 0.446 mm，通过 UV 激光钻孔技术实现了盲孔、埋孔和通孔。多层 LCP 基板的具体工艺叠构如图 1.13（a）所示，基板层间金属过孔如图 1.13（b）所示。

　　在多层 LCP 基板工艺中，黏结片起着至关重要的作用，既要做到固定上下两层基板，又要保证上下基板的电气属性导通，并且具有优异的射频特性，以减少在高频信号传输的过程中产生阻抗过大、不匹配及损耗高等影响[14]。本课题采用的 R-BM17 型黏结片的介电常数为 2.18，介电损耗为 0.0011，厚度仅为 0.022 mm，非常适合作为高性能射频基板黏合层。

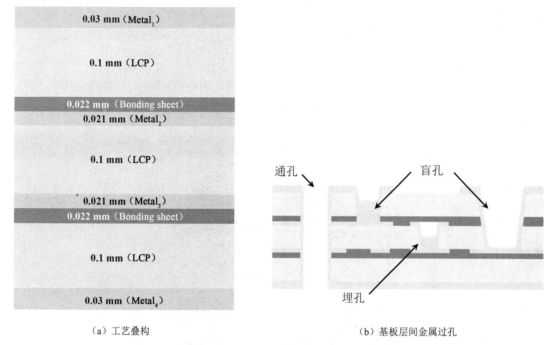

（a）工艺叠构　　　　　　　　　　　（b）基板层间金属过孔

图 1.13　本课题采用的多层 LCP 基板

1.6　多层 LCP 基板关键工艺技术

多层 LCP 基板的一种简单加工工艺是利用黏结片将多层双面覆铜 LCP 基板直接压合，这种工艺不仅加工简单，而且成本较低。但是直接压合 2 层双面覆铜 LCP 基板时，黏结片会越来越薄，从而导致信号传输损耗变大，各层之间的信号干扰与耦合也会变强，还会产生电磁兼容问题[15]。本课题组为解决上述问题，将双面覆铜 LCP 基板通过化学蚀刻制作成单面覆铜 LCP 基板，通过黏结片与双面覆铜 LCP 基板层压，制作成多层 LCP 基板。多层 LCP 基板的主要工艺流程如图 1.14 所示。

多层 LCP 基板的内层埋孔制作一直是一个难点，以往的解决方案是采用机械钻孔和铜浆填充实现埋孔，然而这种方案存在铜浆固化时间较长、工艺难度大和多层 LCP 基板高频下电性能较差等缺点。在工艺流程上，本课题使用的多层 LCP 基板先通过 UV 激光钻孔技术在双面覆铜 LCP

基板上制作内层埋孔，再通过黏结片与单面覆铜 LCP 基板进行压合，以及外层基板盲孔和通孔制作，从而实现多层 LCP 基板层间金属过孔信号互连。不仅解决了内层埋孔制作问题，还能保证多层 LCP 基板拥有较好的电性能。

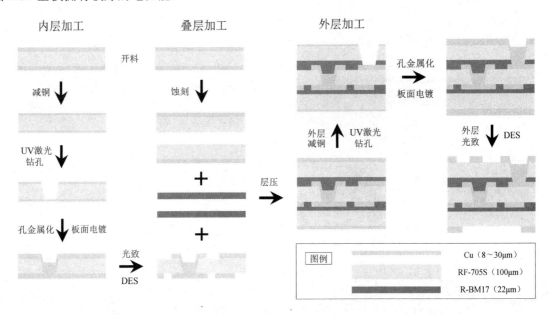

图 1.14　多层 LCP 基板的主要工艺流程

UV 激光钻孔技术利用紫外激光的光化学消融机理，通过紫外激光产生的化学能和热能破坏基板材料的化学键，实现对覆铜 LCP 基板的钻孔加工。覆铜 LCP 基板中的铜箔和 LCP 介质材料对于紫外光有较高的吸收率，所以通过 UV 激光钻孔技术可以直接对其进行一阶或多阶盲孔的制作[16]。与 CO_2 红外激光钻孔技术相比，UV 激光钻孔技术的孔径可以做到 100 μm 以下，加工后基板残留更少，并且可以直接对铜箔进行加工，简化了加工工艺流程。

本课题采用 UV 激光钻孔技术实现多层 LCP 基板中盲孔、埋孔和通孔的制作。图 1.15 所示为利用扫描电子显微镜（Scanning Electron Microscope，SEM）表征的盲孔、埋孔和通孔的切片图，图中标注了金属孔的孔口和孔底孔径、孔壁金属镀层厚度、孔壁金属在黏合层向周围扩散的距离，以及板面电镀之后基板金属板的厚度。图 1.15（a）是金属板 1～2 之间的孔径为 155 μm 的盲孔，图 1.15（b）是金属板 1～3 之间的孔径为 273 μm 的盲孔，图 1.15（c）是金属板 2～4 之间的孔径为 273 μm 的盲孔，图 1.15（d）是金属板 2～3 之间的孔径为 110 μm 的埋孔，图 1.15（e）是孔径为 200 μm 的通孔，图 1.15（f）是孔径为 300 μm 的通孔。从图 1.15 中可以看出，采用 UV 激光钻孔技术加工的通孔为圆柱形，盲孔和埋孔为倒梯形，孔表面镀层金属光滑，无断裂和凸起等瑕疵，非常适用于制作基于多层 LCP 基板的无源器件。

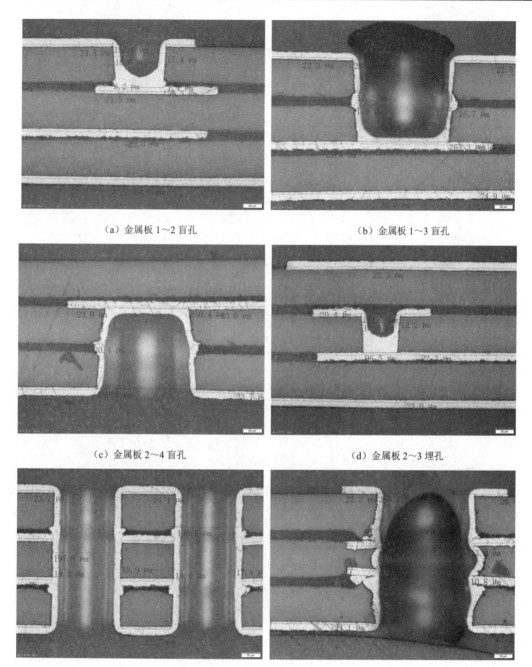

（a）金属板 1~2 盲孔　　　　　　　　　　（b）金属板 1~3 盲孔

（c）金属板 2~4 盲孔　　　　　　　　　　（d）金属板 2~3 埋孔

（e）200 μm 通孔　　　　　　　　　　（f）300 μm 通孔

图 1.15　利用 SEM 表征的盲孔、埋孔和通孔的切片图

多层 LCP 基板的加工工艺流程总体分为内层加工、叠层加工、外层加工、成板加工四部分，图 1.16 显示了 4 层 LCP 基板的加工工艺流程。

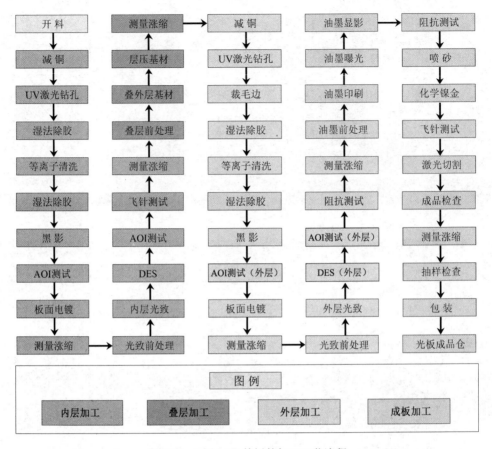

图 1.16　4 层 LCP 基板的加工工艺流程

（1）开料：根据工艺要求及尺寸规格，将完整的 RF-705S 型双面覆铜 LCP 基板裁剪成所需的尺寸大小。

（2）减铜：将裁剪好的双面覆铜 LCP 基板的表铜进行微蚀处理，使基板表铜的厚度变成 8 ± 1 μm。

（3）UV 激光钻孔：通过 UV 激光钻孔机，对减铜处理后的 LCP 基板进行激光钻孔加工。

（4）湿法除胶：UV 激光钻孔时温度较高，有些 LCP 介质融化附着在孔壁及孔底，采用化学调整试剂对样品板进行除胶处理，重点清洁孔底与孔壁。

（5）等离子清洗：等离子表面清洗可除去基板金属表面的胶等有机物，并可通过等离子活化、粗化等方法，有效地改善基板表面的浸润性。

（6）黑影：孔金属化前的板材黑影工艺，包括清洁孔内、孔底和金属板面，进行石墨吸附，定影，除去过多石墨，烘干，固化石墨，除去铜表面石墨，在非金属孔壁上附着一层紧密且导电性能优良的石墨。

（7）AOI测试：采用高速、高精度的视觉处理技术，对LCP基板上各种不同贴装错误及焊接缺陷进行自动检测，利用全方位高清摄像头检查LCP基板的电性能缺陷，并通过显示器反馈给工作人员。

（8）板面电镀：采用含有铜离子的化学试剂，采用电镀还原方式将铜沉积在基板表面，使孔金属化且孔内铜加厚，并使基板表面均匀镀上一层基铜。

（9）测量涨缩：测量LCP基板是否发生了涨缩现象。

（10）光致：在LCP基板不需要蚀刻图形的部分铜层表面涂覆防紫外激光的光致抗蚀剂贴膜。

（11）DES：D代表显影，把之前光致抗蚀剂贴膜上面的图形显示到LCP基板的铜层表面；E代表蚀刻，在金属铜层上蚀刻出线路；S代表褪膜，把贴膜褪掉，被贴膜遮挡的部分是不需要蚀刻的。

（12）飞针测试：使用4～8个独立控制的探针检查基板的电性能，确保电路板在最终产品中具有高性能和高可靠性。实施电气测试以发现电气和电路问题，如短路、开路等。所有这些都表明裸板或组装板是否被正确制造。

（13）叠层：将双面覆铜LCP基板采用化学蚀刻的方法加工成单面覆铜LCP基板，将其与黏结片和加工完成的内层基板通过对位压合制作成多层LCP基板。

（14）阻抗测试：通过自动阻抗测试机对多层LCP基板单端或差分线路的特性进行阻抗测试。

（15）油墨印刷：在做好线路图形的LCP基板铜表面涂覆一层永久性的保护膜层，有选择地掩蔽导线，使图形不受损伤，在阻焊时不发生短路。同时，成膜状物质具有耐化学药品性、耐溶剂性、耐热性、绝缘性良好、防潮、防盐雾的功能。

（16）喷砂：去除铜表面的氧化物和糙化铜表面，从而增加镍和金的附着力。

（17）化学镍金：又称化镍金、沉镍金或无电镍金，通过化学反应在铜表面置换钯，在钯核的基础上化学镀上一层镍磷合金层，通过置换反应在镍表面镀上一层金。

（18）激光切割：利用经聚焦的高功率密度激光束将基板切割成板框大小。

（19）成品检查：对完工后的多层LCP基板进行基板性能、精度、安全性和外观等全方面检测。

（20）抽样检查：在加工完成的基板中随机抽取部分进行检验，以判断该批基板是否合格。

（21）包装：将检查合格的多层LCP基板通过塑膜机，在基板正反表面覆盖透明塑料薄膜，完成塑封包装。

（22）光板成品仓：将塑封包装好的多层LCP基板入库成品仓库。

1.7　本章总结

　　LCP 具有优异的介电特性和易于加工等特点，被广泛应用于高密度射频封装基板加工。它发展于 20 世纪 80 年代初期，作为新型高性能工程塑料，具有良好的物理性能与力学性能，其热膨胀系数低、耐热性好、易于加工，因而被广泛应用于封装基板材料、柔性电路设计及天线振子等领域。单层 LCP 基板制备工艺采用传统的 FPC 基板制备技术。以双面覆铜 LCP 基板为例，它主要由顶层、底层和中心介质 LCP 组成，这种双层 LCP 基板生产工艺的优点是工序少、成本低，但不利于复杂电路的集成。而多层 LCP 基板能够把单层 LCP 基板通过层压的方式叠加到一起，使器件由二维方向向三维方向发展，使得电路设计更加灵活，在实现电路性能指标的同时达到缩小电路体积的目的。

1.8　参考文献

[1] 倪铭阳. 液晶高分子的现状与发展[J]. 上海塑料，2022，50（05）：33-39.

[2] 殷卫峰，曾耀德，杨中强，等. 液晶高分子聚合物的类型、加工、应用综述[J]. 材料导报，2022，36（S1）：536-540.

[3] 周美胜，张文龙，丁冬雁，等. 液晶聚合物薄膜在高频电子封装中的应用进展[J]. 材料导报，2012，26（3）：15-19.

[4] GROUP N P. Liquid crystals[J]. Nature, 1933, 132: 86-89.

[5] NOEL C, NAVARD P. Liquid crystal polymers[J]. Progress in Polymer Science, 1991, 16(1): 55-100.

[6] BAO Z, CHEN Y, CAI R, et al. Conjugated liquid-crystalline polymers-soluble and fusible poly(phenylenevinylene) by the Heck coupling reaction[J]. Macromolecules, 1993, 26(20): 5281-5286.

[7] 唐荣芝，罗春明，唐安斌，等. 液晶聚合物薄膜加工及应用进展[J]. 印制电路信息，2021，29（3）：13-17.

[8] 方克洪，潘子洲. 改善传统 FR-4 基板耐热性及钻孔加工性的研究[J]. 印制电路信息，2018，

26（10）：13-16.

[9] 连衍成，梁富源，贺建超，等. 超疏水聚四氟乙烯材料制备工艺的研究进展[J]. 中国腐蚀与防护学报，2023，43（02）：231-241.

[10] 王运龙，刘建军. LTCC层压工艺对表面形貌的影响[J]. 电子工艺技术，2018，39（1）：15-18.

[11] 蔡积庆. 液晶聚合物膜基板材料的应用[J]. 印制电路信息，2005（11）：37-41.

[12] JI Y, BAI Y, LIU X, et al. Progress of liquid crystal polyester (LCP) for 5G application[J]. Advanced Industrial and Engineering Polymer Research, 2020, 3(4): 160-174.

[13] 曾策，林玉敏，高能武. LCP基板在微波/毫米波系统封装的应用[J]. 电子与封装，2010，10（10）：5-8.

[14] 杨维生. LCP基板现状及多层化技术研究[C]. 中国电子材料行业协会覆铜板材料分会，2018：10.

[15] 成珂. 浅谈多层LCP电路板电磁兼容设计[J]. 现代信息科技，2018，2（4）：53-54.

[16] 赵城，田新博，刘宏伟，等. 5G高频LCP带胶材料UV激光盲孔品质改善研究[J]. 印制电路信息，2021，29（S1）：172-178.

第 2 章　多层 LCP 电路板中过孔互连结构的研究

在多层 LCP 射频微波电路系统中，实现高频器件高性能、高效率、低成本、多功能和高可靠性的一个必要途径就是小型化。垂直互连技术是满足微波集成电路电子系统高集成度、小型化发展需求的关键性技术，它能够保证多层 LCP 电路板中不同层走线或元器件之间的电学连接。过孔互连作为三维集成电路中最常见的垂直互连结构，可以有效提高电子系统的集成度、缩短器件和传输线之间的互连长度、降低功耗、提高抗干扰能力等，其传输特性对整个系统的电路性能起着决定性作用。在低频情况下，过孔结构对信号传输特性的影响较小，然而随着电子封装基板工作频率的不断升高，过孔结构中的寄生效应变得越发显著，过孔处会出现严重的信号反射，进而导致电源、接地面高频信号返回路径阻抗不连续，引起严重的信号完整性（SI）、电源完整性（PI）和电磁兼容完整性（EMC）问题。在多层 LCP 电路板中，过孔的不连续性会导致信号反射，流经过孔的垂直电流会在相邻金属板之间激发出平行波导模式，造成电压的大幅波动，并在电路板的边缘产生强烈的辐射，致使电路的传输特性变差。因此，在宽频带范围内进行多层 LCP 电路板过孔结构的精确建模，对高密度多层 LCP 电路板电路系统的分析和设计具有重要的理论和实践意义。

2.1　多层 LCP 电路板建模方法的研究

2.1.1　多层 LCP 电路板建模方法的研究与发展现状

无线通信系统日益增长的需求推动着半导体技术的日新月异，随着现代电子封装系统集成度的不断提高，其所处的电磁场环境也日益复杂，电磁兼容问题在高频电子设计中越发凸显。为了提高系统设计效率，必须采用先进的仿真技术和建模方法对电子封装系统、多层 LCP 电路板的电学特性进行分析。

电子封装系统和多层 LCP 电路板主要由电源分配网络（Power Distribution Network，PDN）和信号传输路径（Signal Distribution Network，SDN）两大电气功能系统组成。其中，PDN 主要由电源/接地面和去耦电容网络构成，它的作用是给系统中各种电子元器件提供稳定的电压和有效的电流，同时为过孔中的垂直电流提供返回路径。SDN 主要由信号过孔和传输线构成，用于在发送端和接收端之间搭建一个通信信道，以便进行信号的传输。当频率较低时，过孔结构几乎不会对信号的传输质量产生影响。然而，随着频率的持续增加，沿过孔的高速电流会激发 PDN 中电源/接地面之间的平行波导模式，出现严重的信号反射，引起电压的剧烈波动及强烈的边缘辐射，从而对信号的传输特性产生影响。因此，多层 LCP 电路板的准确建模对高密度过孔互连结构的分析和设计是十分重要的[1]。

在 PDN 和 SDN 所包括的 3 种无源结构中，传输线的建模方法趋于成熟，在许多文献中有着详细的记载[2]。因此，电源/接地面及过孔的建模方法成为国内外学者的研究重点。目前，电子封装系统和多层 LCP 电路板中电源/接地面和过孔的建模方法大致分为以下 3 种。

（1）解析法。

解析法是以集总电路的形式来观察和分析问题的。在低频情况下，由于电磁场能量均储存在过孔周围，因此可以采用准静态方法对电路模型中的元件参数进行求解。美国雪城大学的 WANG T 等人提出了穿过单接地面的过孔结构集总电路模型，该方法将整个过孔结构等效成简单的 T 型或 PI 型电路，用有限个 R、L、C 元件对电路加以描述，大大提高了计算效率[3]。比利时根特大学的 KOK P 等人对穿过多层 LCP 电路板的过孔结构集总电路模型中的电容参数进行了研究，利用基于积分方程的准静态方法对电容参数进行了分析[4]。

解析法具有建模过程简单、求解速度快的优点，但其求解范围仅限于低频电路。对于复杂的高频电路，电磁波产生的高阶衰减模式会向外传播，电磁场不再全部被束缚在过孔周围，导致利用准静态方法进行建模非常困难。因此，尽管解析法有较快的计算速度，但模型精度较低，无法满足高频电路的分析需求[5]。

（2）数值法。

当高频信号沿电路板上的传输线进行传输时，实质上是以电磁波的形式传输的，因此可以从麦克斯韦方程组出发，采用电磁场方法来求解边值问题[6]。麦克斯韦方程组的解可以通过不同的方式得到，目前工程上常用数值法进行分析，数值法主要分为微分方程法和积分方程法。

在微分方程法中，最为流行的两种技术是时域有限差分法（FDTD）和有限元法（FEM）。FDTD

是当今应用最为普遍的数值法，通过将偏微分方程转换为代数方程进行求解，从而得到原边值问题的解，具有良好的收敛性和稳定性，能够处理复杂的电磁问题。1991 年，日本北海道大学的 MAEDA S 等人采用 FDTD 对复杂三维过孔的传播特性进行了全波分析，计算结果与测量结果良好吻合，可用于优化大多数过孔结构[7]；2007 年，西安交通大学的翟小社等人将 FDTD 与基于有理函数逼近的宏模型相结合，构建了过孔对模型，并对其进行了电磁特性分析[8]；2022 年，西安电子科技大学的 ZHI C 等人对三维 FDTD 进行了优化，提出了一种 PDN 时域噪声算法，与传统 FDTD 相比，在具有相同精度的情况下节省了大量仿真时间，可广泛应用于三维集成电路的 PI 协同分析[9]。与 FDTD 类似，FEM 也通过将偏微分方程转换为线性代数方程，从而求解边值问题，二者的不同之处在于 FDTD 对微分算子进行近似，而 FEM 对偏微分方程进行近似，自 20 世纪 60 年代末开始，FEM 在电磁工程领域逐渐得到了应用。2006 年，美国密苏里大学的 GUO C 等人采用 FEM 和电路求解器（SPICE）相结合的方法，对多层 LCP 电路板中的电源/接地面进行了高效建模[10]；2019 年，北京航空航天大学的 ZHANG Y 等人采用边光滑有限元法（ES-FEM）对高速互连结构进行了准确建模[11]。

在积分方程法中，较为常用的方法是矩量法（MOM），MOM 实现了电磁场边值问题中约束方程到矩阵方程的变换，从而使其能借助计算机辅助求解。该方法适合求解开放区域中的电磁散射和辐射问题，在求解导体和均匀介质问题上也广为流行。1994 年，台北大学的 Show-Guo Hsu 等人采用 MOM 对传输线上的电流分布进行了求解，利用矩阵束算法计算得到了散射参数（S 参数）；2002 年，美国密西西比大学的 Mohammed Rajeek Abdul-Gaffoor 等人提出了一种利用 MOM 对带过孔的多层 LCP 电路板进行建模的方法，可以有效模拟出具有大量通孔的多层 LCP 电路板中的电磁耦合效应；2015 年，格鲁吉亚工业大学的 BOGDANOV F G 等人利用 MOM 为任意复合结构上的波导端口激励问题做了进一步研究，并进行了实例验证[12]。

随着数值法应用场景的不断拓展及计算机技术的逐步提升，国外多家公司开发了一系列商用全波仿真软件供研究人员使用，为基于数值法的电磁分析付出了巨大努力。尽管数值法能够对高频互连电路的电磁场特性做出较为精确的分析，但随着频段的不断拓展，数值法对计算机速度和内存的需求也在不断提升，计算成本急剧增加。同时，随着电子系统集成度的迅速发展，互连结构及其电气特性的复杂度和精细度不断增加，仅仅依靠全波仿真已无法满足高频互连电路的快速建模与仿真需求。

（3）半解析法。

为了更加有效地进行电气设计和功能验证，半解析法应运而生，并成为目前工程应用中常见的建模方法。它的本质是将"路的方法"和"场的方法"有效结合起来，同时吸取两种方法的优点，使其在求解速度和计算精度方面取得一个较好的平衡。这种"场路结合"的复合型分析方法，可将电磁问题转化为与其相关的电路问题，在此基础上对电路模型中的参数进行提取，并对电路模型进行瞬态或稳态分析，最终得到相应的结果。自 2001 年起，美国密歇根大学的 L. Tsang 等人提出了一系列基于多径散射（Foldy-Lax）的建模技术来分析多层 LCP 电路板中过孔的传输特性。通过引入柱面波展开法，分析过孔阵列间的多径散射效应，有效求解频率可达 25 GHz。尽管该方法能够对多层电路结构进行有效建模，但 Foldy-Lax 很难处理电路板的边值问题。2007 年，德国汉堡工业大学的 C. Schuster 等人提出了一种基于过孔物理结构的建模方法。该方法将过孔视为一个简单的短路支路，过孔与平行金属板之间的位移电流由 2 个并联的等效电容表示。利用解析公式求解电容，通过引入板间阻抗反映平行金属板对过孔传输特性的影响，采用数值法计算等效阻抗，从而降低建模的复杂性，大大节省计算时间。但是，该方法忽略了过孔域边界的连续性，即过孔结构中高阶衰减模式对过孔传输特性的电磁影响。2010 年，美国密苏里科技大学的 ZHANG Y J 等人通过对基于过孔物理结构的建模方法进行优化，提出了内在电路模型。该模型将过孔结构与平行金属板之间的作用分解为近场区和远场区进行分析，同时考虑过孔域和平行金属板域电磁模式相互转换带来的寄生效应，大大提高了等效电路模型的精度[13]。2012 年，美国佐治亚理工学院的 Müller Sebastian 等人通过对两种电路模型进行仿真对比，发现当信号传输频率高于 10 GHz 时，内在电路模型比基于过孔物理结构的电路模型更接近全波仿真结果，更加适用于过孔结构的高频建模仿真。2018 年，新加坡国立大学的 Gao S P 等人对基于过孔物理结构的电路模型中的寄生电容解析式进行了改进，提出了一种快速收敛表达式，避免了由于求和级数不当截断引起的计算误差，提高了计算效率[14]。2019 年，美国密苏里科技大学的 Srinath Penugonda 等人基于过孔物理结构的建模方法提出了一种连接差分过孔的微带线通用模型，大大缩短了建模时间。2022 年，美国密苏里科技大学的 DING Y F 等人基于过孔物理结构的电路模型，提出了一种用于确定多层 LCP 电路板瞬态电流路径的建模方法，并对具有复杂过孔结构的 PDN 进行了分析计算，为 PDN 建模优化提供了新的思路[15]。

　　图 2.1 所示为常用建模方法的对比，从图中可以看出，准静态法在模型的有效性方面是最优的，即它的计算效率最高，但其在模型的准确性与灵活性方面较差，只适用于低频电路分析；数值法的计算精度和建模的灵活度最高，但随着互连结构复杂度的提升，计算成本剧增，有效性越来越差；半解析法则结合了解析法和数值法的优点，成为今后多层 LCP 电路板建模方法的重点发展方向。目前，半解析法中较为流行的是内在等效电路建模方法，它描述了多层 LCP 电路板中的过孔物理结构和电学性质，主要针对过孔结构中电源/接地面对过孔传输特性的影响进行研究，并

致力于构建简单、直观、高效的过孔物理结构的电路模型，有效求解频率高达 40 GHz[16,17]。

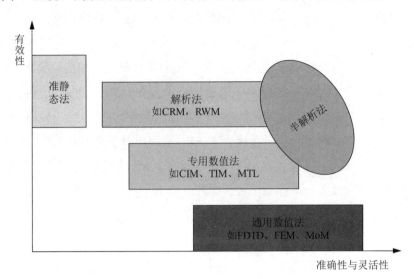

图 2.1　常用建模方法的对比

2.1.2　带有过孔的多层 LCP 电路板建模流程

在高密度多层 LCP 电路板的布局设计和封装互连中，需要使用大量过孔来保证元器件和走线之间的电气连接。随着多层 LCP 电路板制造工艺的持续发展，过孔因其加工简单且成本低廉的优点，在工程应用中最为常见。过孔主要由过孔柱、焊盘、反焊盘三部分构成。过孔柱是为了保证多层 LCP 电路板之间电气连接的金属圆柱体，最常用的金属材料是铜。焊盘一般为圆环状，它的作用是将传输线与过孔柱相连。当信号由传输线经焊盘向过孔结构转换时，其传播方向和传输介质发生突变，信号可能会出现辐射或反射现象。因此，焊盘的不连续性是导致过孔结构不连续的一个重要原因。反焊盘是焊盘和参考地层之间的圆环空隙，以防金属过孔到参考地层发生短路。从工艺制造上来说，过孔一般分为通孔、盲孔、埋孔三种类型，如图 2.2 所示。通孔穿过整个多层 LCP 电路板，主要用于连接电路板的顶层线路和底层线路；盲孔从电路板的顶层或底层延伸至内层，主要用于连接表层线路和内层线路；埋孔位于多层 LCP 电路板的内层，仅用于连接内层线路。

在对多层 LCP 毫米波系统集成电路中过孔互连结构进行建模分析之前，需要了解互连结构传输的基本原则。多层 LCP 电路板过孔互连结构的剖面图如图 2.3 所示，信号首先由激励端口（Port）传输到位于多层 LCP 电路板顶层的水平微波传输线上，传输线通过焊盘与金属过孔连接，从而使信号传输从水平方向向垂直方向过渡。然后在多层 LCP 电路板内层上开孔，让过孔穿过内层的接地板，实现信号在垂直方向上的传输。最后将到达电路板内层或底层的过孔通过焊盘连接到位于内层或底层的微波传输线上，实现多层 LCP 电路板中信号的异面传输。

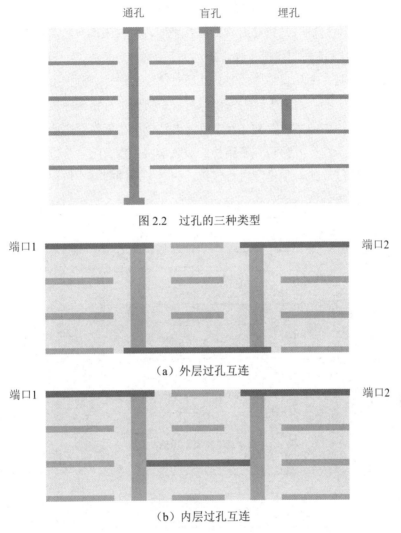

图 2.2　过孔的三种类型

（a）外层过孔互连

（b）内层过孔互连

图 2.3　多层 LCP 电路板过孔互连结构的剖面图

　　为了方便对多层 LCP 电路板进行建模和分析，依据多层 LCP 电路板中过孔互连结构的物理特性和传播特性，可以将复杂的多层 LCP 电路板划分为两部分进+行等效分析，一部分是内层过孔结构，另一部分是除过孔外的传输线结构。针对过孔互连结构中的传输线，研究方法已经相当成熟，目前比较常见的方法主要包括准静态法、矩阵束矩量法、软件仿真法等。内层垂直过孔结构的分析方法主要包含 Foldy-Lax 法、集总电路法、对称网络奇偶模法、含平行金属板效应的等效电路法等，但相较于传输线结构，内层过孔结构会面临多孔的情况。因此，在对过孔内部结构进行建模分析时，不仅需要选择合适的建模方法，还要考虑该建模方法的可扩展性。经过对各种过孔结构的建模方法进行深入分析，本课题针对过孔外部结构分析时采用仿真软件对传输线结构进行有损模型的构建，而针对过孔内部结构则进行不同建模方法的分析和比较。图 2.4 所示为多层 LCP 电路板中过孔互连结构的建模流程，由于互连结构具有良好的对称性，因此可以将三维问题进行降维处理。首先对整个互连结构按照其几何对称中心进行划分，接着将多层过孔内部结构按照层与层进行划分，选取合适的等效电路模型对各子结构进行精确建模，最后利用理论推导出的计算公式提取电路模型中的集总参数。鉴于多层电路板中相邻两层之间的相似性，首先基于微波网络级联理论将多层结构等效为相邻子结构的级联形式，然后在电路仿真软件中将过孔结构的等效电路模型与传输线结构的有损模型进行连接，构建出最终的互连结构等效电路模型，最后对模型进行仿真求解及结果分析。

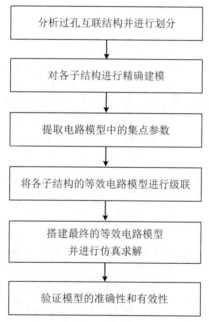

图 2.4　多层 LCP 电路板中过孔互连结构的建模流程

2.2　CPWG-SL-CPWG 过孔互连结构的设计与实现

多层 LCP 技术具有低损耗、耐高温等优异特性，为生产具有高性能的三维集成微波、毫米波组件和系统级封装提供了一种经济高效的方法。在多层 LCP 电路板中，信号通常会从一种传输线过渡到另一种传输线上，实现不同传输线的连接。最常见的就是垂直过渡结构，它可以分为两类：一类是耦合过渡，另一类是过孔过渡。前者通过电磁场耦合实现，带宽相对较小，体积较大，而后者由金属过孔连接实现，具有结构紧凑、宽频带、低插损的优点，被广泛应用在三维集成电路中[18]。但垂直过渡结构容易出现信号串扰问题，因此，设计高性能毫米波过孔互连结构是一项具有挑战性的任务。

本节采用多层 LCP 基板设计并制作了一款接地共面波导-带状线-接地共面波导（Coplanar Waveguide with Grounded to Stripline to Coplanar Waveguide with Grounded ，CPWG-SL-CPWG）过孔互连结构。通过搭建互连结构的三维电磁模型，研究过孔结构的物理参数变化对传输特性的影响，采用三维高频电磁仿真（High Frequency Simulator Structure，HFSS）软件对过孔互连结构进行仿真设计。为了提高信号的传输特性，在过孔互连结构中添加了电磁屏蔽通孔，以最大限度地减少相邻电路元件之间不必要的信号串扰，抑制寄生效应带来的功率泄漏问题，而且可以有效控制阻抗突变。

2.2.1　过孔互连结构的基本模型

在高频信号传输过程中，过孔和传输线之间的不连续性会带来诸多问题。因此，在对过孔互连结构进行设计之前，需要确定过孔与传输线之间的连接方式，常见的连接方式如图 2.5 所示。

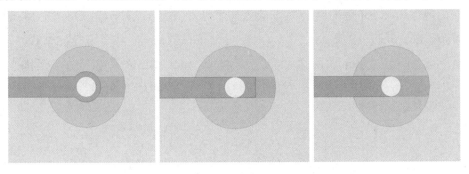

<table>
<tr><td>（a）方式一</td><td>（b）方式二</td><td>（c）方式三</td></tr>
</table>

图 2.5　过孔与传输线之间常见的连接方式

在 HFSS 软件中分别建立 3 种连接方式的结构模型并进行仿真求解，仿真结果如图 2.6 所示。从图 2.6 中可以看出，方式三的回波损耗（S_{11}）最小，传输特性最佳，方式一的传输特性则略差。但在过孔结构实际加工中，方式二和方式三容易造成传输线与过孔之间开路，引起信号反射。方式一在传输线与过孔之间增加了一个金属焊盘，尽管对传输特性产生了一定的负面影响，但这种影响并不明显。同时，焊盘的存在能够提高整个互连结构的可靠性，因此本课题选取方式一。

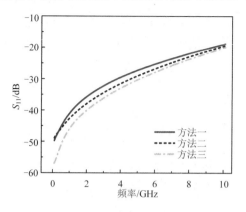

图 2.6　三种连接方式的仿真结果

在微波、毫米波多层电路中，带状线（Stripline，SL）和接地共面波导（Coplanar Waveguide with Grounded，CPWG）是应用十分广泛的微波信号传输线，它们在高频情况下均具有良好的电磁屏蔽性能和较低的损耗。前者频带宽、抗干扰能力强，适用于高效紧凑的电路结构；后者的特性阻抗易于调节，设计灵活性高，对邻道信号具有较好的隔离度[19]。为了在多层 LCP 电路板中实现不同层元器件与传输线之间的有效互连，本节将基于 4 层 LCP 基板设计一款 CPWG-SL-CPWG 过孔互连结构，利用先进设计系统（Advanced Design System，ADS）软件中的插件工具，计算得到 50 Ω 特征阻抗 SL 和 CPWG 的结构尺寸，建立图 2.7 所示的过孔互连结构三维立体模型。该结构由 2 块双面覆铜和 1 块单面覆铜 LCP 基板压合而成，共包含 4 层金属板（Metal$_1$、Metal$_2$、Metal$_3$、Metal$_4$）和 3 层 LCP 基板（LCP$_1$、LCP$_2$、LCP$_3$）。Metal$_1$ 和 Metal$_2$ 共同构成 CPWG，其金属导带宽度为 0.11 mm，长度为 1 mm，两侧缝隙宽度均为 0.1 mm；SL 位于 Metal$_3$，其金属导带宽度为 0.06 mm，长度为 2 mm。CPWG 与 SL 之间由 1～3 层的金属盲孔连接。

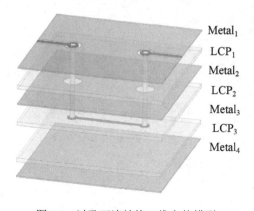

图 2.7　过孔互连结构三维立体模型

2.2.2　过孔互连结构的仿真设计

为了提高过孔互连结构的传输特性，必须对其结构参数进行优化。在基于 4 层 LCP 基板的毫米波电路中，当高频信号从 CPWG 流经过孔时，过孔互连结构的不连续性会导致阻抗失配，由此产生的寄生效应会在一定程度上影响微波传输特性。为了尽可能减小寄生效应的影响，应该采用适当尺寸的盲孔、焊盘及反焊盘。由于在实际工艺中，多层 LCP 电路板的叠层结构是固定不变的，即过孔的长度是固定的。因此，在设计过孔互连结构时，只需从过孔半径、焊盘及反焊盘半径 3 个方面进行分析。本节通过对过孔互连结构的 3 个关键结构参数进行建模仿真，得到使过孔互连结构传输特性最佳的变量取值。

（1）过孔半径对传输特性的影响。

在 HFSS 软件中建立图 2.7 所示的过孔互连结构三维立体模型，进行过孔半径变量分析。保持其他参数不变，取过孔半径 R_{via} 分别为 0.06 mm、0.07 mm、0.08 mm，得到图 2.8 所示的仿真结果。

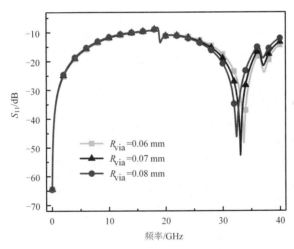

图 2.8　不同过孔半径下 S_{11} 的仿真结果

从图 2.8 中可以看出，在低频情况下，过孔半径对 S_{11} 的影响较小，但随着频率的增大，S_{11} 随着过孔半径的增大逐渐变大，即过孔半径越大，信号在高频处产生的反射越明显，过孔互连结构的微波传输特性越差。由此可知，半径较小的过孔有利于改善过孔互连结构的传输特性。但过孔半径越小，对加工工艺水平的要求越高，成本就越高。结合多层 LCP 工艺水平的实际情况，拟选择半径为 0.07 mm 的过孔进行过孔互连结构的设计。

（2）焊盘半径对传输特性的影响。

在 HFSS 软件中建立图 2.7 所示的过孔互连结构三维立体模型，进行焊盘变量分析。保持其他参数不变，选取过孔半径 R_{via} 为 0.07 mm。取焊盘半径 R_p 分别为 0.16 mm、0.17 mm、0.18 mm，得到图 2.9 所示的仿真结果。

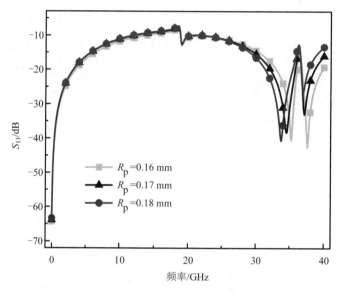

图 2.9   不同焊盘半径下 S_{11} 的仿真结果

从图 2.9 中可以看出，S_{11} 随着焊盘半径和频率的增大逐渐增大，即焊盘半径越大，过孔互连结构在高频处的传输特性越差。这是因为焊盘半径越大，其产生的寄生电容就越大。在低频情况下，寄生效应带来的影响并不明显，而随着频率的增大，寄生效应越发显著，对过孔互连结构性能产生的影响就越严重。焊盘半径越大，所造成的阻抗不连续性越明显，微波传输特性越差。所以，选择半径较小的焊盘可以有效抑制过孔互连结构的电磁波散射。在多层 LCP 电路板中，半径较大的焊盘能够提高过孔互连结构的稳定性，防止传输线与过孔之间出现开路状态，而半径较小的焊盘可以改善过孔互连结构的传输特性。因此，应当在确保电路可靠的前提下，优先选择半径更小的焊盘。结合多层 LCP 过孔焊盘半径工艺规范，即焊盘与过孔的最小间距为 0.1 mm，拟选择半径为 0.17 mm 的焊盘进行过孔互连结构的设计。

（3）反焊盘半径对传输特性的影响。

在 HFSS 软件中建立图 2.7 所示的过孔互连结构三维立体模型，进行反焊盘变量分析。保持其他参数不变，选取过孔半径 R_{via} 为 0.07 mm，焊盘半径 R_p 为 0.17 mm。取反焊盘半径 R_{ap} 分别为 0.24 mm、0.26 mm、0.28 mm，得到图 2.10 所示的仿真结果。

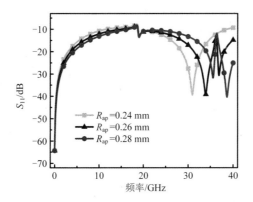

图 2.10 不同反焊盘半径下 S_{11} 的仿真结果

从图 2.10 中可以看出，在低频情况下，随着反焊盘半径的增大，S_{11} 逐渐减小，即信号的传输特性越好。原因是过孔互连结构的寄生电容与反焊盘半径成反比，半径较大的反焊盘可以有效改善过孔互连结构的微波传输特性。而在高频情况下，S_{11} 随着反焊盘半径的增大逐渐增大，传输特性变差。原因是随着反焊盘半径的增大，CPWG 和 SL 的接地面结构受到破坏，随着频率的增大，接地面结构被破坏带来的负面影响越来越明显，从而导致过孔互连结构的传输特性恶化。因此，在进行过孔互连结构设计时，应当选取半径为 0.26 mm 的反焊盘，此时过孔互连结构的传输特性最佳。

通过研究过孔互连结构的过孔半径、焊盘半径及反焊盘半径对微波传输特性的影响，得到使过孔互连结构传输特性最佳的物理参数，将过孔互连结构的过孔半径设置为 0.07 mm，焊盘半径设置为 0.17 mm，反焊盘半径设置为 0.26 mm。在 HFSS 软件中搭建过孔互连结构三维立体模型，对其在 0.1～40 GHz 频率范围内进行仿真，得到图 2.11 所示的仿真结果。从图 2.11 中可以看出，在通带范围内，插入损耗（S_{21}）优于 2.45 dB，回波损耗（S_{11}）优于 10 dB（S_{21} 和 S_{11} 称为 S 参数），符合毫米波电路中过孔互连结构的性能要求。但 S 参数曲线在通带内的谐振点较多，影响微波传输特性，因此计划对过孔互连结构做进一步的优化工作。

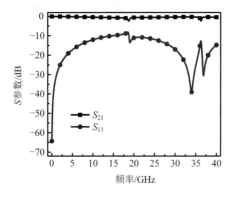

图 2.11 过孔互连结构的仿真结果

2.2.3 过孔互连结构的匹配优化

众所周知，传输结构往往只有一种主模电磁波，但随着信号频率的增大，各种不期望的寄生模式会被激发出来。这些寄生模式对电路无益，但又无法完全避免，它会影响电磁信号在电路中的正常传输，进而破坏信号的完整性，造成输入信号大量损耗，随之带来功率反射和能量辐射问题[20]。随着频率的持续增大，寄生模式与传输主模之间、不同寄生模式之间还可能发生容性耦合，造成串扰噪声，或者在电路板边缘产生信号反射，导致电磁波在自由空间中产生辐射与共振现象，从而恶化整个电路结构的传输特性。

在图 2.9 所示的 CPWG-SL-CPWG 过孔互连结构中，过孔位于平行金属板之间，而相邻的平行金属板会构成径向波导结构，过孔的垂直电流会激发在径向波导内传播的径向波，径向波将与原本存在的 TEM 波（横电磁波）相互作用，呈现更复杂的模式转换机制。此外，因为金属板与介质层之间呈现开路状态，所以过孔信号激发的电磁波会在相邻两层之间振荡，扰乱过孔互连结构的电场分布。为了抑制径向波导模式的激发对微波传输特性带来的消极影响，可在过孔周围引入电磁屏蔽通孔。电磁屏蔽是抑制电路板出现电磁干扰现象的重要手段之一，利用电磁屏蔽通孔不仅可以抑制径向波导模式的激发，还能对高频电场和磁场同时加以屏蔽，将过孔辐射的能量约束在一定区域内。此外，电磁屏蔽通孔能良好接地，连接多层 LCP 电路板的金属板和介质层，使其构成一个完整的回路，避免产生电磁干扰现象[21,22]。

2.2.2 节讨论分析了过孔互连结构中过孔半径、焊盘半径及反焊盘半径等关键结构参数对微波传输特性的影响，得到了过孔互连结构的初步模型。为了使仿真结果性能更佳，本节将引入电磁屏蔽通孔，通过研究电磁屏蔽通孔的数量和位置对微波传输特性的影响，对过孔互连结构进行匹配优化工作。电磁屏蔽通孔的分布如图 2.12 所示，过孔位于中间，连接顶层 CPWG 和第 3 层 SL。电磁屏蔽通孔位于过孔的四周，连接多层 LCP 电路板各层。过孔中心与电磁屏蔽通孔中心的距离为 s_p，电磁屏蔽通孔的半径为 R_{pb}，且采用对称分布，其数量用 n_p 表示。基于以上设定对电磁屏蔽通孔展开系列研究。

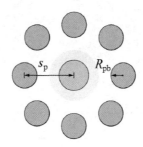

图 2.12　电磁屏蔽通孔的分布

（1）电磁屏蔽通孔位置对传输特性的影响。

在 HFSS 软件中建立图 2.13 所示的不同位置的电磁屏蔽通孔的仿真模型。其中，CPWG 的金属导带宽度为 0.11 mm，长度为 1 mm，两侧缝隙宽度均为 0.1 mm；SL 的金属导带宽度为 0.06 mm，长度为 2 mm，过孔半径为 0.07 mm，焊盘半径为 0.17 mm，反焊盘半径为 0.26 mm。将电磁屏蔽通孔半径 R_{pb} 设置为 0.08 mm，电磁屏蔽通孔数量 n_p 设置为 4，过孔中心与电磁屏蔽通孔中心的距离 s_p 分别设置为 0.45 mm、0.55 mm、0.65 mm，对过孔互连结构中电磁屏蔽通孔的位置变量进行仿真分析。

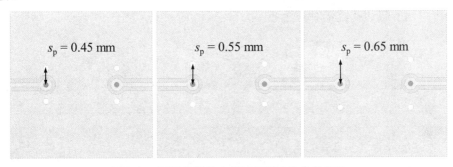

图 2.13　不同位置的电磁屏蔽通孔的仿真模型

仿真结果如图 2.14 所示，在 0.1～40 GHz 频率范围内，随着 s_p 持续增大，过孔互连结构的 S_{21} 曲线整体趋势下降，S_{11} 曲线整体趋势上升，即过孔互连结构的传输特性逐渐恶化。由此可知，在确定电磁屏蔽通孔与过孔之间的距离时，应该尽可能选择较小的 s_p，以保证良好的传输特性，但过小的 s_p 会给电磁屏蔽通孔的加工带来挑战。在实际情况中，应该结合多层 LCP 电路工艺规范，在保证有效改善过孔互连结构传输特性的同时，避免工艺极限带来的误差，选取较小的 s_p。

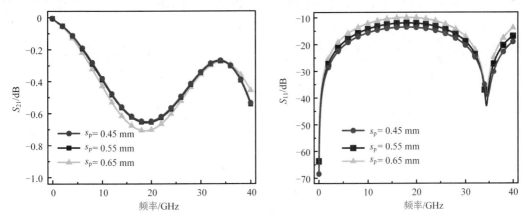

图 2.14　不同位置的电磁屏蔽通孔的仿真结果

（2）电磁屏蔽通孔数量对传输特性的影响。

通过以上分析可知，过孔与电磁屏蔽通孔的距离与过孔互连结构的传输特性成反比，而电磁屏蔽通孔的数量对过孔互连结构的传输特性也会有一定的影响。在 HFSS 软件中，建立图 2.15 所示的不同数量的电磁屏蔽通孔的仿真模型。其中，CPWG 的金属导带宽度为 0.11 mm，长度为 1 mm，两侧缝隙宽度均为 0.1 mm；SL 的金属导带宽度为 0.06 mm，长度为 2 mm，过孔半径为 0.07 mm，焊盘半径为 0.17 mm，反焊盘半径为 0.26 mm。将电磁屏蔽通孔半径 R_{pb} 设置为 0.08 mm，过孔中心与电磁屏蔽通孔中心的距离 s_p 设置为 0.45 mm，电磁屏蔽通孔数量 n_p 分别设置为 4、8、12，仿真分析电磁屏蔽通孔数量对传输特性的影响。

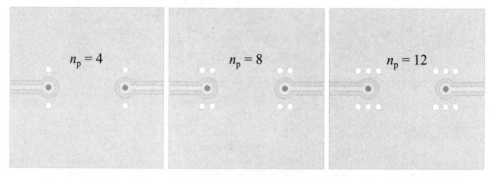

图 2.15 不同数量的电磁屏蔽通孔的仿真模型

仿真结果如图 2.16 所示，由 S 参数曲线可以看出，在 0.1～40 GHz 频率范围内，随着过孔周围电磁屏蔽通孔数量的增多，即电磁屏蔽通孔分布密度的持续提升，S_{21} 曲线总体趋势上升，S_{11} 曲线总体趋势下降，过孔互连结构的传输特性不断优化。因此，在进行电磁屏蔽通孔分布时，应该在过孔周围添加数量较多、密度较大的电磁屏蔽通孔，从而有效减小高频电磁波的传输损耗，达到改善传输特性的目的。

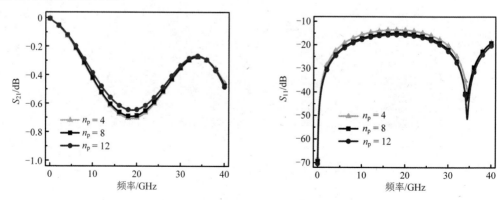

图 2.16 不同数量的电磁屏蔽通孔的仿真结果

（3）电磁屏蔽通孔对电场分布的影响。

电磁屏蔽通孔除了能够很好地抑制径向波激发带来的高频寄生模式，还可以控制电磁场和电磁波向外辐射，防止泄露出的电磁波对其他相邻电路或元器件产生消极影响，引发电磁干扰现象。为了验证电磁屏蔽通孔抑制电磁波辐射的有效性，保持过孔互连结构其他参数不变，通过更改电磁屏蔽通孔的数量和位置，利用 HFSS 软件对有无添加电磁屏蔽通孔的过孔互连结构电场分布进行仿真分析。

过孔互连结构的电场分布如图 2.17 所示。其中，颜色越偏向浅色的区域电场强度越强，电荷分布较多，越偏向深色的区域电场强度越弱，电荷分布较少。从图 2.17 中可以看出，当过孔互连结构没有添加电磁屏蔽通孔时，电场产生泄露现象。而添加了电磁屏蔽通孔的电场被很好地约束在一定范围内，并且添加不同数量和位置的电磁屏蔽通孔对电场有着不同程度的约束作用。随着电磁屏蔽通孔的数量越多、s_p 越小、分布越密，屏蔽效果越明显，说明电磁屏蔽通孔在减轻电路系统电磁干扰的问题上发挥着至关重要的作用。

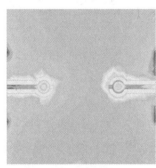
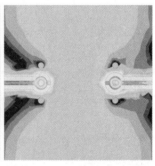

（a）无电磁屏蔽通孔　　　　　　　（b）4 个电磁屏蔽通孔

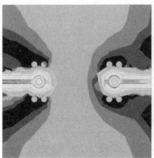
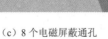
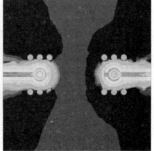

（c）8 个电磁屏蔽通孔　　　　　　　（d）12 个电磁屏蔽通孔

图 2.17　过孔互连结构的电场分布

由上述分析可知，电磁屏蔽通孔的添加在某种程度上能够改善过孔互连结构的微波传输特性，并且能有效抑制电磁辐射。根据仿真分析得出的电磁屏蔽通孔数量和位置对微波传输特性的影响规律，基于 4 层 LCP 电路板最终设计出图 2.18 所示的过孔互连结构。CPWG 和 SL 均按照 50 Ω 特性阻抗对应的尺寸进行设计，整个互连电路的结构尺寸为 4 mm×4 mm，其中，CPWG 的金属导带宽度为 0.11 mm，长度为 1 mm，两侧缝隙宽度均为 0.1 mm；SL 的金属导带宽度为 0.06 mm，长度为 2 mm，过孔半径为 0.07 mm，焊盘半径为 0.17 mm，反焊盘半径为 0.26 mm。为了提高微波传输特性，在 2 个过孔四周分别设置 12 个 s_p 为 0.2 mm 的电磁屏蔽通孔，电磁屏蔽通孔半径 R_{pb} 为 0.05 mm，为了更好地抑制电磁波的辐射和电场的泄露，在 CPWG 两侧同样设置电磁屏蔽通孔。

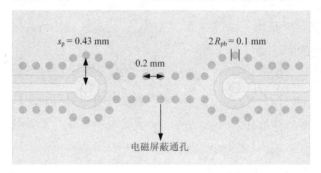

图 2.18　优化后的 CPWG-SL-CPWG 过孔互连结构

在 HFSS 软件中对优化后的 CPWG-SL-CPWG 过孔互连结构进行全波仿真分析，仿真结果如图 2.19 所示。从图 2.19 中可以看出，在 0.1～40 GHz 频率范围内，当没有添加电磁屏蔽通孔时，通带内谐振点较多，且在谐振点附近，S 参数曲线波动较大，信号的反射被加强，传输质量被严重降低。添加了电磁屏蔽通孔后，S 参数曲线谐振次数明显减少，S_{11} 曲线较为平滑，表明电磁屏蔽通孔对电磁场有一定的约束作用，信号的功率损耗情况也有所改善。过孔互连结构的 S_{21} 优于 0.6 dB，相较没有添加电磁屏蔽通孔时优化了 1.85 dB；S_{11} 优于 15.7 dB，相较没有添加电磁屏蔽通孔时优化了 5.7 dB。综上所述，仿真优化后的 CPWG-SL-CPWG 过孔互连结构的 S 参数性能良好，可应用于微波、毫米波三维集成电路的高密度多层互连。

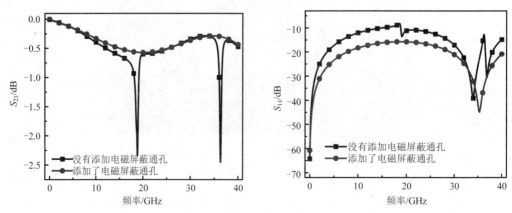

图 2.19　优化后的 CPWG-SL-CPWG 过孔互连结构的仿真结果

2.2.4　过孔互连结构的表征与测试

2.2.2 节和 2.2.3 节利用 HFSS 软件进行了全波仿真，研究了过孔互连结构中关键结构参数对微波传输特性的影响，并通过添加电磁屏蔽通孔对过孔互连结构进行了匹配优化设计。仿真结果表明，优化后的过孔互连结构在 0.1～40 GHz 频率范围内具有良好的信号传输特性，能够高效地工作于高频多层电路系统。为了验证仿真结果的准确性和多层 LCP 电路工艺的可靠性，同时确定电磁屏蔽通孔对传输特性的实际效用，按照上述分析设计给出的 CPWG-SL-CPWG 过孔互连结构参数对过孔互连结构进行实物制备。

在对优化后的过孔互连结构进行表征之前，需要完成其电路版图的绘制。从 HFSS 软件中导出过孔互连结构模型的"*.gds"格式文件，将其导入 Cadence 公司开发的 Allegro 软件进行电路版图的绘制。图 2.20（a）所示为绘制的过孔互连结构的电路版图。

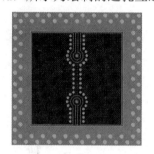

（a）电路版图　　　　　　（b）实物图

图 2.20　过孔互连结构的电路版图和实物图

采用日本松下公司生产的双面覆铜 LCP 柔性基板（R-F705S），通过与安捷利电子实业有限公司合作，对电路结构进行实物加工制作。图 2.20（b）所示为过孔互连结构的实物图。利用罗德与施瓦茨公司型号为 ZVA50 的矢量网络分析仪及 From Factor（Cascade）公司型号为 DPP210-M 的射频探针台对过孔互连结构实物进行 S 参数测试，测试平台如图 2.21 所示。

图 2.21　测试平台

图 2.22 所示为过孔互连结构的仿真结果与测试结果对比,从图中可以看出,CPWG-SL-CPWG 过孔互连结构在低频时的仿真结果与测试结果曲线有较好的一致性,然而随着频率的持续增大,过孔互连结构的微波传输特性逐渐恶化。在 0.1~40 GHz 频率范围内,优化后的过孔互连结构 S_{21} 的测试结果优于 1.2 dB,相较全波仿真结果恶化了 0.6 dB;S_{11} 的测试结果优于 13.2 dB,相较全波仿真结果恶化了 2.5 dB。导致仿真结果和测试结果出现偏差的原因主要有两个方面:一是多层 LCP 电路板的加工工艺存在误差,导致互连电路的实际结构参数与仿真时的结构参数不是完全一致的;二是未在端口处设计 SL 到 CPWG 的过渡结构,测试时射频探针直接扎到了输入端口上,在低频时产生的误差可以忽略不计,但当频率较大时,因未进行端口匹配引起的信号失配现象会越来越明显。同时,可以从图 2.22 中看出,添加了电磁屏蔽通孔的测试结果曲线平滑,说明电磁屏蔽通孔确实能够有效抑制电磁干扰,提高过孔互连结构的微波传输特性。

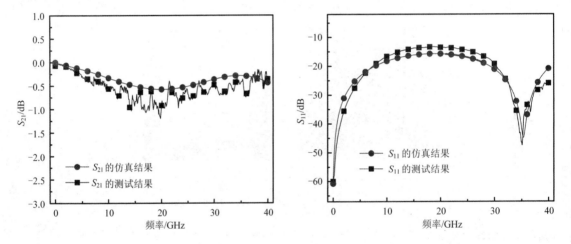

图 2.22　过孔互连结构的仿真结果与测试结果对比

2.3　CPWG-SL-CPWG 过孔互连结构的快速收敛等效电路模型

随着微波、毫米波集成电路不断向着小型化方向发展,过孔互连结构作为三维集成电路中的重要组成部分,起着信号传输的作用,其传输特性是保证电磁信号能够有效传输的关键因素。电路系统在低频情况下工作时,寄生效应可以忽略不计。但随着频率的增大,过孔互连结构的不连续性带来的寄生效应会导致信号反射、辐射、衰减和失真,严重影响电磁信号的传输质量,对整个系统性能造成负面影响。因此，过孔互连结构的高效建模对多层 LCP 电路板的设计与优化有着十分重要的理论与应用价值。

过孔互连结构的准确建模对互连电路的设计来讲是最为关键的一步。集总建模方法是过孔互连结构建模的起点，长期以来一直应用于多层电子封装基板的电气建模，集总建模主要包括电路拓扑结构的选择和模型参数的拟合两个步骤。常见的电路拓扑结构有 L 型等效电路、T 型等效电路、Π 型等效电路；模型参数的拟合主要有 3 种方法：数值近似法、时域频域测量法、仿真计算法。集总建模以其简便、高效等优点，能够正确地反映出建模对象在一定带宽内的电气特性[23]。

本节针对 CPWG-SL-CPWG 过孔互连结构，通过对 Π 型等效电路模型进行研究，推导出过孔寄生电阻、寄生电感、寄生电容的计算公式。为进一步提高电路求解速度，在计算寄生电容时引入一种快速收敛解析式，对集总电路模型进行优化，从而建立过孔互连结构的快速收敛等效电路模型，通过仿真分析对等效电路模型的有效性和准确性进行验证。

2.3.1　典型的 Π 型等效电路模型

鉴于过孔互连结构电气建模的重要性及集总建模方法的高效性，本节针对 CPWG-SL-CPWG 过孔互连结构进行集总电路模型的构建。在该互连结构中，过孔是整个电路的核心，因此首先考虑最简单的情况，针对单一平行金属板对过孔结构进行分析。

过孔的基本结构如图 2.23 所示，其主要由过孔柱、焊盘、反焊盘、介质基板、金属板 5 部分构成。其中，过孔半径为 a，反焊盘半径为 b，两个相邻金属板之间的距离为 h，金属板厚度均为 t，介质基板的相对介电常数为 ε_r。在对过孔结构进行建模分析时，为了更好地探究电磁波在过孔结构内的传输模式，将过孔结构分为三部分：第一部分（Part1）为顶层金属板与过孔之间的区域；第二部分（Part2）为两个金属板之间的区域；第三部分为底层金属板与过孔之间的区域（Part3）。Part1 等效为类同轴结构，焊盘可看作同轴线的内导体，金属板可看作同轴线的外导体，因此电磁波在反焊盘区域内传输的是 TEM 波。在 Part2 中，信号又转换为 TM 波传输，Part3 与 Part1 结构相同，信号在此区域内传输的也是 TEM 波。此外，两个相邻金属板和过孔共同形成了径向波导结构，流经过孔的高频电流激励出的径向波与 TEM 波、TM 波（横磁波）相互交织，呈现更加复杂的电磁模态传输机制[24]。

图 2.24 所示为过孔的寄生参数分布，当过孔结构中传输高频信号时，由于过孔本身的损耗及过孔内部瞬态电流的不断变化，会等效成寄生电感 L 和寄生电阻 R 的作用。焊盘与过孔之间的反焊盘区域会产生寄生电容 C_p[24]，过孔与两个相邻金属板之间的容性耦合电流会产生寄生电容 C_b。随着信号频率的增大，过孔寄生效应的影响越发突出，尤其是对于宽带高频信号，其寄生现象更

为严重。

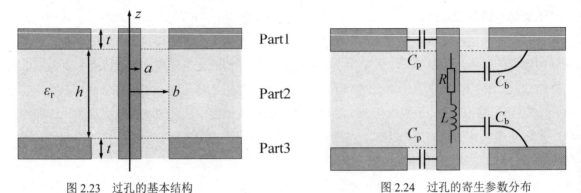

图 2.23 过孔的基本结构	图 2.24 过孔的寄生参数分布

根据上述对过孔的寄生参数的分析可知，在高频情况下可以采用电抗元件对过孔结构进行电路等效，建立图 2.25 所示的 Π 型等效电路模型。该模型既包含用于描述电场和磁场能量的寄生电容和寄生电感，又包含用于刻画平行金属板中径向波导模式传输特性的寄生电阻，可以有效模拟过孔互连结构中的电磁模式传输机制。

图 2.25 Π 型等效电路模型

2.3.2 Π 型等效电路模型寄生参数提取

（1）寄生电阻。

在 Π 型等效电路模型中，寄生电感和寄生电阻可依据现有的方法进行分析[25,26]。过孔中产生的寄生电阻 R 可以分解为低频时的直流电阻 R_{DC} 和高频时的交流电阻 R_{AC}，其公式为

$$R = \sqrt{R_{DC}^2 + R_{AC}^2} \tag{2.1}$$

与普通互连线一样，在低频情况下，过孔内的电阻是恒定的。针对普通圆柱形过孔，R_{DC} 仅与过孔半径 a、高度 h 和填充金属的电阻率 ρ 有关，根据欧姆定律，R_{DC} 可表示为

$$R_{DC} = \rho \frac{h}{\pi a^2} \tag{2.2}$$

式（2.2）中的 ρ 为电阻率，由于铜的电阻率较小，故通常用铜来填充过孔，其电阻率

$\rho = 1.75 \times 10^{-8} \ \Omega \cdot m$ 。

随着信号传输频率的增大，高频电流逐渐趋向于过孔表面，这种现象被称为趋肤效应。它的存在会导致流经过孔导体中的载流子横截面积变小，电流密度随着过孔导体的深度迅速下降，过孔导体中的电阻也随之增大，由此产生的寄生电阻可表示为

$$R_{AC} = \frac{h\rho}{\pi \left[a^2 - \left(a - \sqrt{\dfrac{\rho}{\pi f \mu_0}} \right)^2 \right]} \tag{2.3}$$

式中，μ_0 为真空中的磁导率，$\mu_0 = 4\pi \times 10^{-7} \text{H}/\text{m}$。

（2）寄生电感。

过孔的寄生电感可以采用自由空间中的电感分析方法进行计算。由于高频信号激发的电磁场主要存在于介质与导体之间的区域，因此过孔中的寄生电感 L 可以分解为外部电感 L_{out} 和内部电感 L_{in}。外部电感与过孔的几何结构强相关，且受频率的影响较小，内部电感则和过孔内的电流分布有关。趋肤效应随着信号频率的增大越发显著，而趋肤深度却极小，这导致过孔内的电流紧贴在导体表面。因此，过孔的内部电感远远小于外部电感。高频情况下，寄生电感会随着频率的增大而减小，但是变化幅度很微弱，寄生电感 L、内部电感 L_{in} 和外部电感 L_{out} 可分别表示为

$$L = L_{in} + L_{out} \tag{2.4}$$

$$L_{in} = \frac{\mu_0 h}{8\pi} \tag{2.5}$$

$$L_{out} = \frac{\mu_0 h}{2\pi} \left[\ln \left(\frac{h + \sqrt{h^2 + a^2}}{a} \right) + a - \sqrt{h^2 + a^2} \right] \tag{2.6}$$

（3）寄生电容。

寄生电容是过孔结构中最重要的寄生参数之一，它决定着信号传输的质量。根据图 2.24 过孔的寄生参数分布可知，在进行寄生电容的求解时，理论上可将其分为两部分进行分析。第一部分为同轴电容 C_p，即由于过孔焊盘和平行金属板都存在一定的厚度，在它们之间的反焊盘区域会形成寄生电容，即使在没有焊盘的理想情况下，过孔柱和金属板之间也会存在同轴电容；第二部分为层间电容 C_b，即过孔柱与相邻金属板之间形成的寄生电容。

因为 Part1 和 Part3 都属于类同轴结构，所以电磁波都以 TEM 波的形式传播的。同轴电容 C_p 的求解相对简单，可采用场的方法进行分析，其计算表达式为

$$C_p = \frac{2\pi \varepsilon_0 \varepsilon_r t}{\ln(b/a)} \tag{2.7}$$

相较于同轴电容 C_p 的经验公式，层间电容 C_b 的计算显得尤为关键，且更具有挑战性。ZHANG

YJ 等人提出的层间电容 C_b 的解析表达式受到了广泛关注[27]。首先将整个过孔结构看作类同轴结构，过孔柱是内导体，平行金属板是变形的外导体。取半径为 R 的圆柱形区域作为求解的虚拟边界，此时过孔结构可视为一个有界同轴谐振腔。在反焊盘区域中传输的仍然是 TEM 波，可通过等效性原则将 TEM 波等效为磁环流，如图 2.26 所示，推导出磁流环 M_φ 的表达式为

$$M_\varphi = -\frac{V_0}{\rho' \ln(b/a)} \delta(z - z') \qquad (2.8)$$

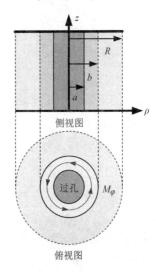

图 2.26 有界同轴谐振腔中的磁环流示意图

式中，V_0 表示反焊盘和过孔之间的电压；$\delta(z-z')$ 是狄利克雷函数。

由于电磁波在 Part2 中传输的是 TM 波，考虑到 TM 波在计算区域虚拟边界处的多径散射，推导出有界同轴谐振腔中磁环流的格林函数为

$$\tilde{G}_\varphi^{(m)} = (\rho, z; \rho', z') = -\frac{j\pi\rho'}{h} \sum_{n=0}^{\infty} \frac{1}{1+\delta_{n0}} \tilde{g}_n(r, R; \rho<, \rho>) \cos\left(\frac{n\pi}{h}z\right) \cos\left(\frac{n\pi}{h}z'\right) \qquad (2.9)$$

式中，$\tilde{g}_n(\cdot)$ 为径向函数（r 的值为 a）

$$\tilde{g}_n(a, R; \rho<, \rho>) = \left(1 - \Gamma_R^{(n)} \Gamma_a^{(n)}\right)^{-1} \left[J_1(k_n\rho<) + \Gamma_a^{(n)} H_1^{(2)}(k_n\rho<)\right]$$
$$\left[H_1^{(2)}(k_n\rho>) + \Gamma_R^{(n)} J_1(k_n\rho>)\right] \qquad (2.10)$$

$$\Gamma_R^{(n)} = \begin{cases} -\dfrac{H_0^{(2)}(k_nR)}{J_0(k_nR)}, & \rho = R, \text{PEC} \\[3mm] -\dfrac{H_1^{(2)}(k_nR)}{J_1(k_nR)}, & \rho = R, \text{PMC} \\[3mm] 0, & \rho = R, \text{PML} \end{cases} \qquad (2.11)$$

$$\Gamma_a^{(n)} = \begin{cases} -\dfrac{J_0(k_n a)}{H_0^{(2)}(k_n a)}, & \rho = a, \text{PEC} \\[3mm] -\dfrac{J_1(k_n a)}{H_1^{(2)}(k_n a)}, & \rho = a, \text{PMC} \\[3mm] 0, & \rho = a, \text{PML} \end{cases} \tag{2.12}$$

式中，$\Gamma_R^{(n)}$ 和 $\Gamma_a^{(n)}$ 分别为 $\rho = R$ 和 $\rho = a$ 时的反射系数；$H_0^{(2)}$ 为第二类零阶汉克尔函数；$H_1^{(2)}$ 为第二类一阶汉克尔函数；J_0 为第一类零阶贝塞尔函数；J_1 为第一类一阶贝塞尔函数；$\min\{\rho, \rho'\} \geqslant \rho \geqslant \max\{\rho, \rho'\}$；PEC 表示理想电导体边界；PMC 表示理想磁导体边界；PML 表示完全匹配层边界。

通过将磁流环 M_φ 与格林函数 $\tilde{G}_\varphi^{(m)}$ 进行卷积可以得到有界同轴谐振腔的电磁场，从而推导出流经过孔表面的垂直电流 I_z。根据电流连续定理可知，两个平行金属板之间产生的位移电流 I_d 为过孔垂直电流提供了返回路径，它们之间的关系为

$$\begin{aligned} I_d &= I_z(0)\big|_{z'=0} = I_z(h)\big|_{z'=0} \\ &= \mathrm{j}\omega V_0 \frac{8\pi\varepsilon_0\varepsilon_r}{h\ln(b/a)} \sum_{n=1,3,5,\dots}^{\infty} \frac{\left(1-\Gamma_a^{(n)}\Gamma_R^{(n)}\right)^{-1}}{k_n^2 H_0^{(2)}(k_n a)} \\ &\quad \left\{ \left[H_0^{(2)}(k_n b) - H_0^{(2)}(k_n a) \right] + \Gamma_R^{(n)}\left[J_0(k_n b) - J_0(k_n a) \right] \right\} \end{aligned} \tag{2.13}$$

过孔柱与金属板之间形成的层间电容 C_b 定义式为

$$C_b = \frac{I_d}{\mathrm{j}\omega V_0} \tag{2.14}$$

综合以上分析，根据式（2.13）及式（2.14），可以推导出层间电容 C_b 的最终计算表达式为

$$\begin{aligned} C_b &= \frac{8\pi\varepsilon_0\varepsilon_r}{h\ln(b/a)} \sum_{n=1,3,5,\dots}^{\infty} \frac{\left(1-\Gamma_a^{(n)}\Gamma_R^{(n)}\right)^{-1}}{k_n^2 H_0^{(2)}(k_n a)} \\ &\quad \left\{ \left[H_0^{(2)}(k_n b) - H_0^{(2)}(k_n a) \right] + \Gamma_R^{(n)}\left[J_0(k_n b) - J_0(k_n a) \right] \right\} \end{aligned} \tag{2.15}$$

式（2.15）的有效计算频率高达 100 GHz，但表达式过于复杂，利用贝塞尔函数的渐近表达式可以将其简化为

$$C_b = \frac{8\pi\varepsilon_0\varepsilon_r}{h\ln(b/a)} \sum_{n=1,3,5,\dots}^{\infty} \frac{1}{k_n^2} \left(\frac{H_0^{(2)}(k_n b)}{H_0^{(2)}(k_n a)} - 1 \right) \tag{2.16}$$

式中，k_n 表示在平行金属板之间传输的 TM 波的径向截止波数

$$k_n = \sqrt{k^2 - (n\pi/h)^2}, \quad k = k_0\sqrt{\varepsilon_r} \tag{2.17}$$

由此可以推导出层间电容 C_b 的计算公式，但式（2.16）中无穷级数求和上限的合理截断成为

一个亟待解决的问题。一方面，由于不同过孔结构的大小和材质均存在差异，其计算结果将受到过孔半径、反焊盘半径、介质层厚度和介电常数等因素的影响。例如，当过孔半径和反焊盘半径比较接近时，汉克尔函数的商随着 n 的递增衰减较慢，从而影响级数的收敛性。同样，较大的介电常数或板间高度会导致 k_n 的增加速度减缓，从而降低级数的收敛速度。另一方面，若公式中级数截断过早，则很可能导致 C_b 的计算值比实际值偏小。除此之外，对于具有两个汉克尔函数的商，如果截断得太迟，就有可能出现算数下溢问题，故截断数 N 的合理选取显得尤为重要。为了精确求解 C_b，并且克服级数求和过程中存在的截断不当问题，GAO S P 等人对式（2.16）进行了改进[28]，首先将式（2.16）分成 S_n 和 F_n 两个部分，即

$$C_b = \frac{8\pi\varepsilon_0\varepsilon_r}{h\ln(b/a)}\left(\sum_{n=1,3,5,\cdots}^{\infty} S_n - \sum_{n=1,3,5,\cdots}^{\infty} F_n\right) \tag{2.18}$$

式中，S_n 和 F_n 分别表示为

$$S_n = -\frac{1}{k_n^2}, \quad F_n = -\frac{1}{k_n^2}\frac{H_0^{(2)}(k_n b)}{H_0^{(2)}(k_n a)} \tag{2.19}$$

$\dfrac{H_0^{(2)}(k_n b)}{H_0^{(2)}(k_n a)}$ 是一个衰减因子（AF），它表明 F_n 的收敛速度比 S_n 更快。所以先从 S_n 入手，推导出它的封闭表达式为

$$\sum_{n=1,3,5,\cdots}^{\infty} S_n = \frac{h}{4k}\tan(kh/2) \tag{2.20}$$

鉴于 F_n 的收敛速度较快，很难推导出它的封闭表达式。于是提出一种较为合适的截断方法，利用第二类汉克尔函数的相关性质，可将 AF 等效为一个易于求解的渐进表达式，AF 的相似公式为

$$\frac{H_0^{(2)}(k_n b)}{H_0^{(2)}(k_n a)} \sim \sqrt{\frac{a}{b}}e^{-|k_n|(b-a)} \tag{2.21}$$

从而可以得到层间电容 C_b 的快速收敛解析式为

$$C_b = \frac{8\pi\varepsilon_0\varepsilon_r}{h\ln n(a/b)}\left[\frac{h}{4k}\tan(kh/2) + \sum_{n=1,3,5,\cdots}^{N}\left(\frac{1}{k^2}\frac{H_0^{(2)}(k_n b)}{H_0^{(2)}(k_n a)}\right)\right] \tag{2.22}$$

式中，N 为无穷级数求和上限的截断数，其表达式为

$$N = \text{ceil}\left[\frac{h}{2\pi}\sqrt{\left(\frac{\ln\left(\sqrt{a/b}/\text{AF}\right)}{b-a}\right)^2 + k^2} + \frac{1}{2}\right] \tag{2.23}$$

ceil 函数是一种信号操作，将输入信号上升到最近的更高整数，把输入信号向上舍入到最近的整数。

综上所述，通过将式（2.16）分为 S_n 和 F_n 两部分，对快衰减部分 S_n 推导出其封闭表达式，对慢衰减部分 F_n 给出其截断相似公式，最终对式（2.16）的收敛性进行了改进，得到了快速收敛解析式（2.22），避免了因求和级数的截断不当导致的计算结果偏低和算数下溢等现象，同时简化了计算过程。该解析式可直接集成到现有的电子设计自动化工具中，用于快速 SI 和 PI 分析。

2.3.3 过孔互连结构的快速收敛等效电路模型的构建

基于上述对过孔结构的寄生参数分布及 Π 型等效电路模型的分析，对 CPWG-SL-CPWG 过孔互连结构进行快速收敛等效电路模型的构建与求解。根据多层 LCP 电路板的建模流程，首先将多层 LCP 电路板中的过孔互连结构划分为若干平行金属板子结构，利用 Π 型集总参数等效电路对各子结构进行精确建模，然后基于微波网络级联法得到整个过孔互连结构的等效电路模型。利用 MATLAB 软件编写程序对推导出的寄生电阻、寄生电感、寄生电容的解析公式进行寄生参数的计算，将计算结果代入等效电路模型，利用 ADS 软件对等效电路模型进行搭建及仿真分析，最终得到整个过孔互连结构的 S 参数。

为了简化建模步骤，首先对 CPWG-SL-CPWG 过孔互连结构进行区域划分。由于该互连结构关于 Metal3 的 SL 呈对称形式，因此在进行等效电路模型的构建时，只需研究其几何结构单边的寄生参数分布情况。为了更直观、更简洁地表示互连电路的物理模型结构参数，选取过孔互连结构的剖面图进行寄生参数的讨论分析，如图 2.27 所示。本课题所设计的过孔互连结构共有 4 层金属板，用 Metal1、Metal2、Metal3、Metal4 表示。其中，R_{via}、R_{p1}、R_{p2}、R_{ap1}、R_{ap2} 表示过孔半径、CPWG 的焊盘半径、SL 的焊盘半径、CPWG 的反焊盘半径、Metal2 的反焊盘半径，t 表示金属板的厚度，h_1 表示 Metal1 与 Metal2 之间的距离，h_2 表示 Metal2 与 Metal4 之间的距离。

在分析该互连结构寄生参数分布情况的过程中，首先将其拆分成 2 个单层平行金属板结构，第 1 个平行金属板结构为 Metal1 到 Metal2 之间的过孔段及其周围的区域，第 2 个平行金属板结构为 Metal2 到 Metal4 之间的过孔段及其周围的区域。然后对这 2 个平行金属板结构分别进行寄生参数研究和等效电路模型构建，最后通过电路级联得到整个多层 LCP 电路板过孔互连结构的等效电路模型。

图 2.28 所示为第 1 个平行金属板结构的寄生参数分布，其中，同轴电容 C_{p1} 表示该过孔段顶部 CPWG 焊盘与 Metal1 之间的寄生电容；同轴电容 C_{p2} 表示该过孔段底部与 Metal2 之间的寄生电容；层间电容 C_{b1} 表示该过孔段与 Metal1 和 Metal2 之间的电磁作用；R_1 与 L_1 分别代表该过孔段内部由于动态电流变化产生的寄生电阻和寄生电感。

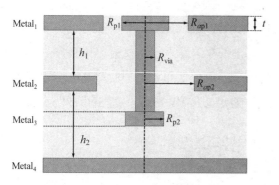

图 2.27　过孔互连结构的剖面图

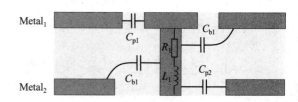

图 2.28　第 1 个平行金属板结构的寄生参数分布

图 2.29 所示为第 2 个平行金属板结构的寄生参数分布，其中，同轴电容 C_{p2} 表示该过孔段顶部与 $Metal_2$ 之间的寄生电容；层间电容 C_{b2} 表示该过孔段与 $Metal_2$ 之间的电磁作用；R_2 与 L_2 分别代表该过孔段内部由于动态电流变化和自身损耗产生的寄生电阻和寄生电感。同时，从图 2.29 中不难发现，$Metal_3$ 的 SL 焊盘与 $Metal_4$ 之间也可能存在寄生电容，但由于相距较远，计算出的电容很小，因此它们之间的寄生效应可以忽略不计。

在上述分析中，2 个平行金属板结构的寄生参数分布中的同轴电容 C_{p2} 的物理含义相同，因此在进行等效电路模型构建时，只需将 C_{p2} 考虑在其中一种情况下。基于上述对过孔结构的分段研究，结合过孔互连结构的对称性质，最终可以得出图 2.30 所示的过孔互连结构的单边寄生参数分布。

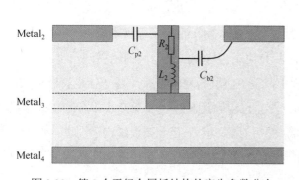

图 2.29　第 2 个平行金属板结构的寄生参数分布

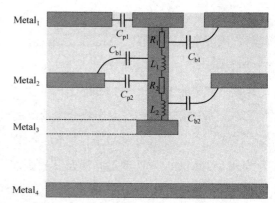

图 2.30　过孔互连结构的单边寄生参数分布

为了方便进行电路分析，需要构建过孔互连结构的等效电路模型。2.3.2 节分析求解的是单层平行金属板的 Π 型等效电路模型，是最基本的模型，所提出的过孔互连结构共包含 2 个单层平行金属板，可以采用电路的方法将 2 个基本模型进行级联[29]，由此可推广到多层 LCP 电路板结构的求解。基于过孔互连结构的寄生参数分布，构建图 2.31 所示的 CPWG-SL-CPWG 过孔互连结构的快速收敛等效电路模型。

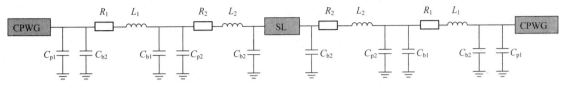

图 2.31 CPWG-SL-CPWG 过孔互连结构的快速收敛等效电路模型

其中，$Metal_1$ 的 CPWG 及 $Metal_3$ 的 SL 建模为有损模型，过孔互连结构的其他部分建模为 Π 型集总电路模型。整个过孔互连结构被建模成半宏模型、半电路形式，具有简洁、直观的优点，便于发现和解决仿真时出现的问题。

2.3.4 等效电路模型的仿真验证

（1）快速收敛解析式的仿真验证。

为了验证层间电容 C_b 的快速收敛解析式（2.22）的有效性，以图 2.23 中的带有过孔的单层平行金属板结构为研究对象，将板间距离 h 设置为 0.1 mm，厚度 t 设置为 0.03 mm，相对介电常数 ε_r 设置为 2.9。采用 3 组不同的过孔结构参数，对层间电容 C_b 的收敛速度进行仿真分析，利用原始表达式（2.16）、快速收敛解析式（2.22）对层间电容 C_b 进行求解，表 2.1 列出了两式的计算结果。可以看出，在计算结果相近的情况下，引入快速收敛解析式后，第 1 组过孔结构中 C_b 的截断数 N 由 600 减小为 2；第 2 组过孔结构中 C_b 的截断数 N 由 375 减小为 2；第 3 组过孔结构中 C_b 的截断数 N 由 500 减小为 2。这说明如果使用式（2.16），那么只有当截断数 N 取很大的值时，求和级数才能够逐渐收敛，C_b 才可以被有效计算。而式（2.22）的收敛速度更快，求和所需的计算次数也大大减少，从而节约了大量的计算资源。

表 2.1 3 组过孔结构中层间电容 C_b 的计算结果

过孔半径	反焊盘半径	原始表达式		快速收敛解析式	
a/mm	b/mm	C_b/fF	N	C_b/fF	N
0.15	0.40	8.20	600	8.22	2
0.20	0.45	9.93	375	9.94	2
0.25	0.50	11.62	500	11.63	2

（2）过孔互连结构建模方法的仿真验证。

2.3.3 节构建了 CPWG-SL-CPWG 过孔互连结构的快速收敛等效电路模型。若想对过孔互连结构的传输特性进行准确描述，则必须对等效电路模型中的各元件参数进行精确求解。根据图 2.27，利用 2.2.2 节推导出的寄生电阻、寄生电感的计算公式（2.1）～（2.6）、同轴电容的计算公式（2.7）及层间电容的快速收敛解析式（2.22），结合多层 LCP 基板在压合过程中黏合层厚度对其产生的影响，对等效电路模型中各元件参数进行计算，计算结果如表 2.2 所示。

表 2.2　过孔互连结构中寄生参数的计算结果

寄生参数	C_{p1}	C_{p2}	C_{b1}	C_{b2}	R_1	L_1	R_2	L_2
数值	3.07	1.48	2.89	1.54	0.9	8.26	0.48	2.99
单位	fF	fF	fF	fF	mΩ	pH	mΩ	pH

对过孔互连结构层间电容 C_{b1}、C_{b2} 的收敛性进行分析，式（2.16）和式（2.22）计算出的 C_{b1} 和 C_{b2} 的收敛趋势如图 2-32 所示。可以看出，原始表达式中 C_{b1}、C_{b2} 的求和级数在截断数为 200 时才逐渐开始收敛。而利用快速收敛解析式进行计算，有效地加快了求和级数的收敛速度，将 C_{b1} 的截断数 N_1 由 200 减小为 1，将 C_{b2} 的截断数 N_2 由 200 减小为 2，显著提高了计算效率。在实际工程应用中，多层 LCP 电路板中通常带有数百或数千个过孔，快速收敛解析式的引入将极大地节省计算时间，对多层 LCP 电路板的快速建模有着重要的意义。

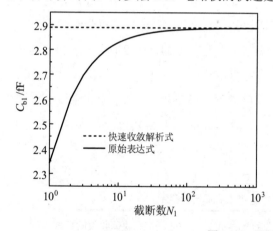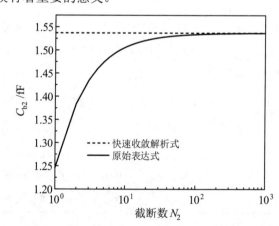

图 2.32　层间电容的收敛趋势

通过引入层间电容 C_b 的快速收敛解析式，对集总参数等效电路模型进行了优化，最终得到过孔互连结构的快速收敛等效电路模型。在 ADS 软件中搭建图 2.27 所示的等效电路模型，将计算出的寄生参数代入等效电路，设置 CPWG 的金属导带宽度为 0.11 mm，长度为 1 mm，两侧缝隙宽度均为 0.1 mm；SL 的金属导带宽度为 0.06 mm，长度为 1 mm。对等效电路模型进行仿真求解，为验证所构建的等效电路模型的准确性，在此选取 HFSS 软件全波仿真结果、测试结果作为对照组，与模型求解结果进行对比，如图 2.33 所示。

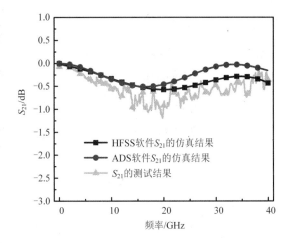 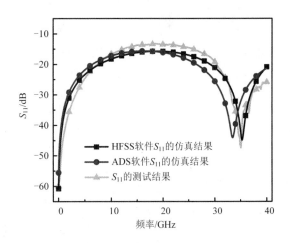

图 2.33 等效电路模型和 HFSS 软件全波仿真结果、测试结果对比

仿真结果表明，在 0.1～40 GHz 频率范围内，等效电路模型的 S 参数曲线与全波仿真结果、测试结果总体趋势一致，说明了该建模方法的正确性。所有仿真实验均由一台配置为 Intel(R) Core(TM)i5-1035 G1 的计算机运行。其中，HFSS 软件中的三维电磁模型仿真时长为 32 分钟，基于 ADS 软件和 MATLAB 软件进行快速收敛等效电路模型的构建及求解所用时长仅为 2 分钟，可以看出该建模方法较大地减少了互连电路特性分析所用的时间。该等效电路模型具有简单、高效的优点，但无论是哪种电路模型，都有其局限性。从仿真结果可以看出，随着频率的增大，等效电路模型精度开始下降，S 参数曲线出现一定的偏差，产生这种现象的原因主要有以下两点。

（1）平行金属板上所产生的电磁信号串扰和回流效应随频率的增大显著增大，而该等效电路模型无法模拟平行金属板结构组成的电源/接地面对过孔传输特性产生的影响。

（2）该等效电路模型忽略了过孔域边界的不连续性，即过孔结构中由于电磁模式转化产生的寄生效应对过孔传输特性的影响。

由上述分析可知，集总电路模型随着频率增大，模型精度有所下降。但建模过程简单，求解速度十分高效，可用于孔互连结构的初始建模阶段。通过构建等效电路模型，可以预测过孔互连结构的各项性能，对过孔互连结构的初步设计有一定的指导意义。若想要继续提高模型精度，扩展等效电路模型的建模带宽，对过孔互连结构进行更精细的建模，则需要分析以上两点原因，对等效电路模型做进一步优化。而宽带建模意味着模型复杂度更高，建模的成本和仿真时长都会增加。

2.4 CPWG-SL-CPWG 过孔互连结构的高精度等效电路模型

在多层 LCP 电路板中，过孔互连结构被普遍应用于异面传输线之间的连接。当高频信号流经过孔时，过孔由于自身损耗会产生寄生电阻和寄生电感，同时过孔与平行金属板之间会产生寄生电容。由于两个相邻平行金属板之间会构成谐振腔结构，因此当过孔信号频率达到谐振频率时，平行金属板之间的输入阻抗达到最大值，导致产生一系列信号完整性问题。

尽管 Π 型等效电路模型简单、计算效率高，但由于集总建模方法在模型的准确性方面较差，模型精度会因频率的增大而逐渐下降，无法满足高频过孔互连结构的精确建模需求。因此，采用准确性较高的半解析法对过孔互连结构进行建模研究。目前，半解析法中较为流行的是内在等效电路模型，在 Π 型等效电路模型的基础上，考虑到电源/接地面对过孔传输特性的影响，以及由于过孔边界的不连续性带来的寄生效应影响，通过不断完善模型参数，弥补集总建模方法在求解高频时的不足。

本节针对 CPWG-SL-CPWG 过孔互连结构，通过研究电源/接地面对过孔传输特性的影响，引入板间阻抗来反映平行金属板效应，对过孔的内在等效电路模型进行详细分析，推导出电路模型中由于高阶衰减模式产生的寄生参数的计算公式，探讨板间阻抗常用的分析方法。针对过孔互连结构进行高精度等效电路模型的构建和求解，通过仿真分析对等效电路模型的有效性和精确性进行验证。

2.4.1　电源／接地面对过孔传输特性的影响

实际的电磁场问题往往存在于由不同介质组成的特定空间中，而在不同介质分界面的两侧，介质的特征参量会发生很大的改变。因此，在分界面两侧的电磁场也会发生很大的改变，边界条件就是在介质分界面上电磁场的基本属性。实际电路中常见的边界条件有以下 3 种。

（1）完全匹配层边界（PML 边界）：尺寸无限大的电路板，相邻介质之间的波阻抗完全匹配，电磁波几乎无反射，可等效为自由空间。

（2）理想电导体边界（PEC 边界）：尺寸有限大的短路电路板，边界上的磁场分量与电路板表面相切，电场分量垂直于电路板表面。

（3）理想磁导体边界（PMC 边界）：尺寸有限大的开路电路板，边界上的电场分量与电路板表面相切，磁场分量垂直于电路板表面。

当过孔中传输垂直电流时，在相邻平行金属板组成的空腔中会有寄生模式被激发，这种现象被称为平行金属板效应。因为在不同边界条件下，平行金属板的电流分布不同，其板间阻抗也有所不同。为了更直观地理解平行金属板的边界条件及平行金属板效应。基于 4 层 LCP 基板构建

图 2.34 所示的典型单孔结构模型，采用三维全波电磁场仿真（Computer Simulation Technology，CST）软件分析电源/接地面对过孔传输特性的影响。

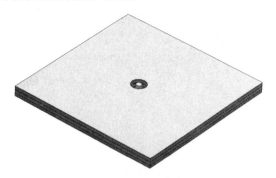

图 2.34　典型单孔结构模型

当高频信号流经过孔时，会在平行金属板上激励出向四周发散的面电流。为了探究不同边界条件对平行金属板效应产生的影响，利用 CST 软件建立单孔结构模型，在 0.1～40 GHz 频率范围内，依次对 PML、PEC、PMC 三种边界条件进行仿真分析，观察工作频率分别在 10GHz、20GHz、30GHz、40GHz 下平行金属板上的电流分布情况。

图 2.35 所示为 PML 边界条件下平行金属板的电流分布。由于在 PML 边界条件下平行金属板的物理尺寸为无穷大，周围信号无反射，阻抗完全匹配。因此，从图 2.35 中可以看出，随着信号频率的增大，平行金属板上激励出的面电流逐渐增大，并呈圆环形向四周扩散。

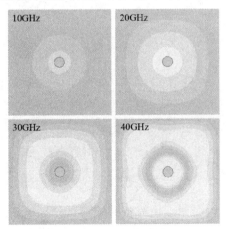

图 2.35　PML 边界条件下平行金属板的电流分布

图 2.36 所示为 PEC 边界条件下平行金属板的电流分布。在此情况下，电路板电边界与相邻平行金属板会构成类谐振腔结构。故面电流不仅会随着信号频率的增大逐步增大，还会受到谐振

腔内谐振频率的影响。因此，从图 2.36 中可以看出，随着信号频率的增大，平行金属板上呈现的电流分布具备更复杂的特性，且无规律可循。

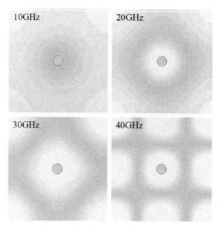

图 2.36　PEC 边界条件下平行金属板的电流分布

图 2.37 所示为 PMC 边界条件下平行金属板的电流分布。PMC 边界条件等效于电路板的开路边界条件，即边界上只有电场分量，磁场分量为零。从图 2.37 中可以看出，随着信号频率的增大，面电流的分布越发复杂，难以发现其中的规律。

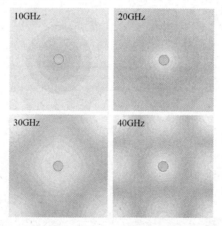

图 2.37　PMC 边界条件下平行金属板的电流分布

根据对不同边界条件下平行金属板电流分布的仿真分析可知，当边界条件或信号频率不同时，平行金属板上的面电流分布具有不同的特征。当过孔内传输信号频率较小时，电流分布与信号频率在一定范围内具有规律性。但随着过孔信号频率逐渐增大，电流分布体现出复杂的组合特性，规律无迹可寻。因此，当信号频率较大时，电源/接地面对过孔传输特性带来的影响极大，不可忽略不计。

2.4.2   典型过孔的内在等效电路模型

（1）含平行金属板效应的 Π 型等效电路模型。

2.3.1 节已经对典型过孔的 Π 型等效电路模型进行了详细的分析，该模型具有简单、高效的优点，但无法有效模拟出过孔的高频特性。为了提高过孔互连结构的高频建模精度，本节针对 Π 型等效电路模型进行优化，将平行金属板效应及过孔域边界的不连续性带来的寄生效应对过孔传输特性的影响考虑在内，构建过孔的内在等效电路模型。

当信号在过孔互连结构中传输时，电源/接地面组成了信号的返回路径，同时由其产生的平行金属板效应对过孔传输特性造成了一定的影响。在低频情况下，电源/接地面对过孔传输特性的影响体现在集总电容上，而随着频率的增大，谐振特性在电源/接地面上逐渐占据主导地位。在谐振频率处，平行金属板的阻抗将大幅增大，从而引起系统的电磁兼容性问题。为了更加准确地刻画过孔模型，可以将电源/接地面对过孔传输特性的影响表示成一系列与频率相关的阻抗数组，由此引入板间阻抗 Z_{pp} 来描述信号返回路径中的输入阻抗[30,31]，代表返回路径中电压与电流的关系。

图 2.38 所示为含平行金属板效应的 Π 型等效电路模型，寄生电容 C_h 为 Π 型等效电路模型中同轴电容 C_p 和层间电容 C_b 的组合，板间阻抗 Z_{pp} 对 Π 型等效电路模型的作用可以通过流控电流源（CCCS）和压控电压源（VCVS）来说明。作为激励源，CCCS 产生的电流 I 经过孔流入，在 Z_{pp} 上产生压降 V，以 VCVS 的形式施加在过孔上，对 I 形成阻碍作用[32]。当流入过孔的 I 增大时，在 Z_{pp} 上产生的压降 V 也会增大，其对 I 的阻碍作用更加显著。相反，如果流入过孔的 I 减小，那么在 Z_{pp} 上产生的压降 V 也会减小，对 I 的阻碍作用随之减弱。

若图 2.38 中的 CCCS 和 VCVS 的受控系数都为 1，则可移除受控源模型[32]。同时，因为过孔的信号返回路径非常小，过孔内由于动态电流变化产生的寄生电感和寄生电阻相对于平行金属板效应对过孔传输特性带来的微弱影响可以忽略不计。因此，图 2.38 的等效电路模型可以简化为图 2.39。

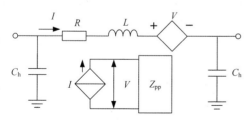

图 2.38　含平行金属板效应的 Π 型等效电路模型

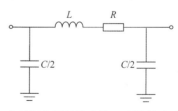

图 2.39　含平行金属板效应的 Π 型等效电路简化模型

（2）内在等效电路模型。

过孔互连结构的电磁场分布主要存在于"近场区"和"远场区"。远场区是指平行金属板之间电场强度较小的区域，在远场区中，电磁场分布主要与平行金属板的大小及接地孔的位置相关；近场区通常包括过孔的反焊盘区域，以及平行金属板之间电场强度较大的区域，在近场区中，电磁场分布是非均匀的，且与过孔激发的高阶衰减模式相关，取决于过孔的几何形状[33]。

对含平行金属板效应的 Ⅱ 型等效电路模型进行优化，首先将过孔结构分为过孔域和平行金属板域，过孔及其周围的近场区组成了过孔域，而过孔结构中的远场区为平行金属板域。过孔域所激发的高阶衰减模式能够被有效约束在两个域的边界处，从而抑制高阶衰减模式对平行金属板域产生的影响。因此，过孔域和平行金属板域之间的相互影响被大幅降低，可以分别进行分析。最后利用两个域边界上电磁场的连续性，将过孔域和平行金属板的计算结果结合在一起，得到整个过孔结构的等效电路模型[34]。

在图 2.40 中，当高频信号流入端口时，反焊盘区域内的同轴波导模式被激发，激励出 TEM 波。由于过孔结构的不连续性，电磁波在金属空腔内激发的是径向波导模式，于是在过孔域的附近，发生了电磁模式的转换。同轴波导模式和径向波导模式之间的转换可以由寄生电感 L_v 和转化率 R_v 反映，串联寄生电容 C_{v1}、C_{v0} 是由垂直场中的高阶衰减模式和零阶衰减模式引起的，寄生电容 C_h 表征过孔与平行金属板之间位移电流的影响，径向端口处具有描述信号返回路径输入阻抗的板间阻抗 Z_{pp}，由此可构建图 2.41 所示的典型过孔的内在等效电路模型。

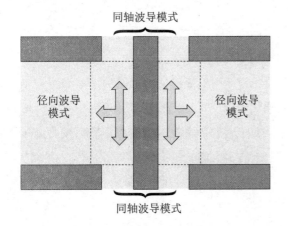

图 2.40　过孔结构内部电磁模式分布

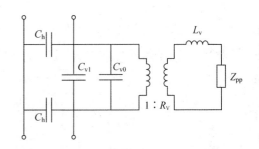

图 2.41　典型过孔的内在等效电路模型

该模型通过将平行金属板效应和由过孔域边界处的不连续性引起的寄生效应同时考虑在内，对 Ⅱ 型等效电路模型进行了完善，准确地描述了过孔与平行金属板之间的相互作用，有效提高了过孔等效电路模型的精度，有效求解频率高达 40 GHz。

2.4.3　内在等效电路模型的参数提取

（1）过孔域寄生参数分析。

在图 2.41 所示的内在等效电路模型中，寄生电容 C_h 由同轴电容 C_p 和层间电容 C_b 组合而成，其计算公式已在 2.1 节进行了推导，分别为式（2.7）和式（2.22）。串联寄生电容 C_{v1} 是由垂直电场中的高阶衰减模式引起的，与寄生电容 C_h 共同用来表征高阶衰减模式中存储在过孔附近的电场能量，其计算公式为

$$C_{v1} = \frac{\mathrm{j}2\varepsilon_0\varepsilon_r\pi^2 a}{h\ln(b/a)}\sum_{n=1}^{\infty}(-1)^n F_n^{\mathrm{L}}(a) \tag{2.24}$$

式中，a 为过孔半径；b 为反焊盘半径；h 为两个金属板之间的高度；ε_r 为介质层的相对介电常数；ε_0 为真空中的介电常数，$\varepsilon_0 = 8.85\times10^{-12}\,\mathrm{F/m}$；$F_n^{\mathrm{L}}(a)$ 为简化计算构造的辅助函数，其表达式为

$$F_n^{\mathrm{L}}(a) = \left[\frac{H_0^{(2)}(k_n b) - H_0^{(2)}(k_n a)}{k_n H_0^{(2)}(k_n a)}\right]\times W_{10}(k_n a, k_n a) \tag{2.25}$$

串联寄生电容 C_{v0} 是由垂直电场中的零阶衰减模式引起的，其计算公式为

$$C_{v0} = \frac{\mathrm{j}\varepsilon_0\varepsilon_r\pi^2 a}{kh\ln(b/a)}\times\frac{W_{10}(ka, kr)}{W_{10}(ka, kr)}\times[W_{10}(kb, kb) - W_{10}(kb, ka)] \tag{2.26}$$

$$W_{mn}(x, y) = \begin{vmatrix} J_m(x) & J_n(y) \\ H_m^{(2)}(x) & H_n^{(2)}(y) \end{vmatrix} \tag{2.27}$$

式中，$W_{mn}(x, y)$ 为贝塞尔函数和汉克尔函数行列式的辅助函数；$J_m(x)$ 和 $J_n(y)$ 分别为 m 阶贝塞尔函数和 n 阶贝赛尔函数；$H_m^{(2)}(x)$ 和 $H_n^{(2)}(y)$ 分别为第二类 m 阶汉克尔函数和第二类 n 阶汉克尔函数。

寄生电感 L_v 和转化率 R_v 代表过孔域和平行金属板域之间的模式转换，其计算公式分别为

$$L_v = \frac{\mu_0 h}{2\pi kb}\times\frac{W_{00}(kb, kr)}{W_{10}(kb, kr)} \tag{2.28}$$

$$R_v = \sqrt{-R_m R_e} \tag{2.29}$$

$$R_m = \frac{\mathrm{j}\pi}{2\ln(b/a)}\times\frac{W_{10}(kb, kb)}{W_{10}(kb, kr)}\times[W_{00}(kb, kb) - W_{00}(ka, kr)] \tag{2.30}$$

$$R_e = \frac{a}{b}\times\frac{W_{10}(ka, kr)}{W_{10}(kb, kr)} \tag{2.31}$$

式中，k 为两个平行金属板之间介质中的波数，$k = k_0\sqrt{\varepsilon_r}$。

（2）平行金属板域板间阻抗分析。

平行金属板域板间阻抗的分析方法已较为成熟，如径向波导法、腔模谐振法等。对于无限大

的平行金属板，可以利用径向波导法来计算板间阻抗 Z_{pp}；对于有限大的平行金属板，通常利用腔模谐振法来分析。腔模谐振法是一种传统的电磁计算方法，它的实质依然是求解电磁波方程的场解析法[35,36]，即通过求解在空腔周围设置适当边界条件的二维亥姆霍兹方程，从而得到阻抗矩阵。本节以矩形平行金属板结构为研究对象，采用腔模谐振法推导板间阻抗的计算公式。

在图 2.42 所示的电源/接地面结构中，两个矩形平行金属板与其边界组成了一个宽为 w、长为 l、高为 h 的谐振腔。在一定边界条件下，利用格林函数求解二维亥姆霍兹方程，即可得到电源/接地面的板间阻抗 Z_{pp}。对于 PEC 和 PMC 边界条件，板间阻抗的计算公式为

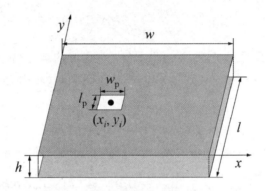

图 2.42　电源/接地面结构

$$Z_{pp} = \frac{\mathrm{j}\omega\mu h}{wl} \sum_{m=0}^{\infty} \sum_{n=0}^{\infty} \frac{C_m^2 \cdot C_n^2 \cdot f_{\text{Boundary}} \cdot f_{\text{Port}}}{\left(\dfrac{m\pi}{w}\right)^2 + \left(\dfrac{m\pi}{l}\right)^2 - k^2} \tag{2.32}$$

$$f_{\text{Port}} = \mathrm{sinc}^2\left(\frac{m\pi w_p}{2w}\right) \cdot \mathrm{sinc}^2\left(\frac{m\pi l_p}{2l}\right) \tag{2.33}$$

$$f_{\text{Boundary}} = \begin{cases} \cos^2\left(\dfrac{m\pi x_i}{w}\right) \cdot \cos^2\left(\dfrac{n\pi y_i}{l}\right), \text{PEC} \\[2mm] \sin^2\left(\dfrac{m\pi x_i}{w}\right) \cdot \cos^2\left(\dfrac{n\pi y_i}{l}\right), \text{PMC} \end{cases} \tag{2.34}$$

式中，k 为自由空间中的波数；ω 为信号频率；μ 为介质的磁导率；C_m 和 C_n 为计算系数，当 $m,n=0$ 时，$C_m=C_n=1$，当 $m,n\neq0$ 时，$C_m=C_n=\sqrt{2}$；(x_i, y_i) 为矩形端口在平行金属板上的位置坐标，对于平行金属板上半径为 a 的圆形端口，可以使用圆形过孔的周长来等效空腔模型公式中矩形端口的大小，即 $w_p=l_p=\pi\cdot a/2$；f_{Port} 定义为该位置上的端口条件；f_{Boundary} 定义为该位置上的边界条件。

对于 PML 边界条件，板间阻抗 Z_{pp} 与平行金属板的尺寸及过孔的位置无关，其表达式为

$$Z_{pp} = \frac{j\eta h}{2\pi\rho_0} \times \frac{H_0^{(2)}(k\rho_0)}{H_0^{(1)}(k\rho_0)} \qquad (2.35)$$

式（2.35）是定义在圆柱坐标系中的。式中，η 为两个平行金属板之间介质的波阻抗，$\eta = \sqrt{\mu/\varepsilon}$；$H_0^{(2)}$ 和 $H_1^{(2)}$ 分别为第二类零阶汉克尔函数和第二类一阶汉克尔函数；ρ_0 为圆形过孔的半径，对于平行金属板上大小为 $w_p \times l_p$ 的矩形端口，可近似取 $\rho_0 = (w_p + l_p)/\pi$。

2.4.4　过孔互连结构的高精度等效电路模型的构建

通过对 Π 型等效电路模型进行优化，可以得到典型过孔互连结构的内在等效电路模型。基于以上分析，针对 CPWG-SL-CPWG 过孔互连结构进行高精度等效电路模型的构建与求解。根据多层 LCP 电路板的建模流程，首先对多层 LCP 电路板进行结构划分，利用内在等效电路模型对各子结构进行精确建模；然后基于微波网络级联法得到整个过孔互连结构的等效电路模型，利用 MATLAB 软件编写程序分别对过孔域和平行金属板域中的模型参数进行计算，并将计算出的模型参数代入等效电路模型；最后利用 ADS 软件对电路模型进行构建及仿真分析，从而得到整个过孔互连结构的 S 参数。

同样，为了简化建模步骤，首先对图 2.3 所示的 CPWG-SL-CPWG 过孔互连结构进行区域划分，将整个过孔互连结构拆分成 2 个单层平行金属板结构，第 1 个平行金属板结构为 Metal$_1$ 到 Metal$_2$ 之间的区域，第 2 个平行金属板结构为 Metal$_2$ 到 Metal$_4$ 之间的区域；然后对这两个平行金属板结构分别进行过孔域和平行金属板域分析；最后通过电路级联得到整个多层 LCP 电路板过孔互连结构的等效电路模型。

图 2.43 所示为第 1 个平行金属板结构的寄生参数分布，其中，寄生电容 C_{h1}、C_{h2} 是由该过孔段与 Metal$_1$、Metal$_2$ 之间的位移电流产生的；串联寄生电容 C_{v11} 是由 Metal$_1$ 与 Metal$_2$ 之间垂直电场中的高阶衰减模式引起的，C_{h1}、C_{h2} 及 C_{v11} 用于表征该过孔域附近储存的电磁能量；串联寄生电容 C_{v01} 是由垂直电场中的零阶衰减模式引起的；板间阻抗 Z_{pp1} 用于描述 Metal$_1$ 与 Metal$_2$ 之间的平行金属板效应；寄生电感 L_{v1} 和转化率 R_{v1} 用于表征 Metal$_1$ 与 Metal$_2$ 之间过孔域和平行金属板域的模式转换。

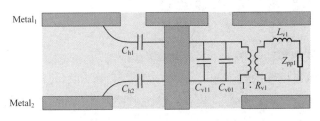

图 2.43　第 1 个平行金属板结构的寄生参数分布

图 2.44 所示为第 2 个平行金属板结构的寄生参数分布，其中，寄生电容 C_{h3} 是由该过孔段与 $Metal_2$ 之间的位移电流产生的；串联寄生电容 C_{v12} 是由 $Metal_2$ 与 $Metal_4$ 之间的高阶衰减模式引起的，C_{h3} 与 C_{v12} 用于表征该过孔段附近存储的电场能量；串联寄生电容 C_{v02} 是由过孔域激发的零阶衰减模式引起的；板间阻抗 Z_{pp2} 用于描述 $Metal_2$ 与 $Metal_4$ 之间的平行金属板效应；寄生电感 L_{v2} 和转化率 R_{v2} 用于表征 $Metal_2$ 与 $Metal_4$ 之间过孔域和平行金属板域的模式转换。

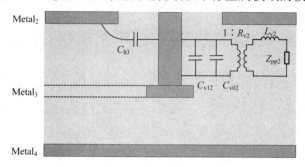

图 2.44　第 2 个平行金属板结构的寄生参数分布

通过对过孔互连结构分区域进行等效电路分析，结合多层等效电路网络级联理论[37]，可以构建图 2.45 所示的 CPWG-SL-CPWG 过孔互连结构的高精度等效电路模型。该模型通过进一步完善网络参数，能够对过孔互连结构的高频特性进行更为精确的模拟。

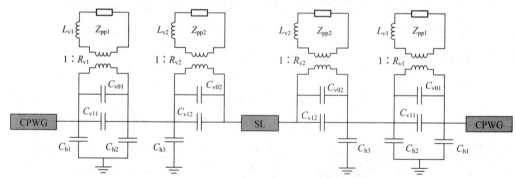

图 2.45　CPWG-SL-CPWG 过孔互连结构的高精度等效电路模型

2.4.5　等效电路模型的仿真验证

（1）板间阻抗的仿真验证。

为了验证板间阻抗对电路板建模的可靠性，构建图 2.46 所示的带有过孔的双层平行金属板结构模型，对其输入板间阻抗进行分析。其中，过孔半径为 0.1 mm，反焊盘半径为 0.2 mm，电路板边界条件为 PML 边界，改变过孔在金属板上的位置，在 HFSS 软件中对其进行建模仿真。同时，利用 MATLAB 软件计算 3 组模型的板间阻抗，在 ADS 软件中构建基本的内在等效电路模型，对其进行 S 参数的仿真。

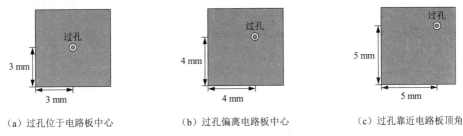

（a）过孔位于电路板中心　　　　（b）过孔偏离电路板中心　　　　（c）过孔靠近电路板顶角

图 2.46　带有过孔的双层平行金属板结构模型

对 HFSS 软件和 ADS 软件在 0.1～40 GHz 频率范围内的仿真结果进行对比，如图 2.47 所示。从对比结果可以看出，在整个频率范围内，过孔距电路板中心越近，曲线谐振点越少，反之亦然。同时，二者 S 参数曲线的谐振点位置和幅度几乎一致，验证了板间阻抗计算的准确性及对电路板建模的可靠性。

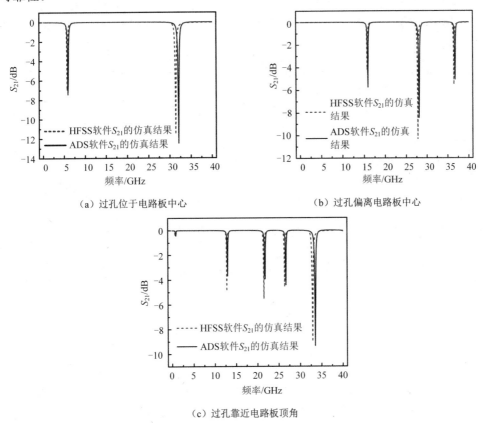

（a）过孔位于电路板中心　　　　　　　　（b）过孔偏离电路板中心

（c）过孔靠近电路板顶角

图 2.47　HFSS 软件和 ADS 软件的仿真结果对比

（2）过孔互连结构建模方法的仿真验证。

针对 CPWG-SL-CPWG 过孔互连结构构建了高精度等效电路模型，为了更加有效地对电路模型进行仿真求解，需要对等效电路模型中的参数进行精确计算。基于图 2.41 的高精度等效电路模型，利用 2.3.4 节理论推导出的计算公式（2.24）、（2.26）、（2.28）、（2.30），对过孔域中的寄生电容 C_{h1}、C_{h2}、C_{h3}、C_{v11}、C_{v12}、C_{v01}、C_{v02}，寄生电感 L_{v1}、L_{v2} 及转化率 R_{v1}、R_{v2} 进行求解。利用阻抗计算公式（2.31）对板间阻抗 Z_{pp1}、Z_{pp2} 进行计算。同时，考虑到多层 LCP 基板中黏合层厚度的影响，采用 MATLAB 软件编写程序对模型参数进行求解，过孔域的寄生参数如表 2.3 所示。

表 2.3 过孔域的寄生参数

参数	C_{h1}	C_{h2}	C_{h3}	C_{v11}	C_{v12}	C_{v01}	C_{v02}	L_{v1}	L_{v2}	R_{v1}	R_{v2}
数值	5.96	4.37	1.54	0.47	0.59	0.68	0.39	13.74	24.56	2.49	1.71
单位	fF	fF	fF	pF	pF	pF	pF	pH	pH	—	—

基于 2.4.4 节的分析可知，在平行金属板域中反映平行金属板效应的板间阻抗 Z_{pp} 不是一个固定的数值，而是随着频率变化的一系列数组。由于 CPWG-SL-CPWG 过孔互连结构中存在电磁屏蔽通孔，各金属板之间相互贯通，故将电路板边界条件设置为 PEC 边界，在 0.1～40 GHz 频率范围内，设置频率步长为 0.01 GHz，对过孔互连结构每个频点的阻抗进行计算，得到板间阻抗 Z_{pp1}、Z_{pp2} 的计算结果，如图 2.48 所示。

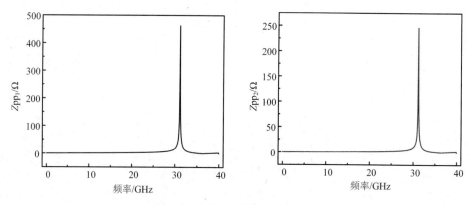

图 2.48 板间阻抗的计算结果

通过将过孔结构划分为过孔域和平行金属板域，对这两个域进行模块化分析，最终得到过孔互连结构的高精度等效电路模型。为了对构建的等效电路模型进行仿真求解，在 ADS 软件中搭建图 2.45 所示的过孔互连结构的高精度等效电路模型，将计算出的过孔域及平行金属板域中的模型参数代入等效电路模型，设置 CPWG 的金属导带宽度为 0.11 mm，长度为 1 mm，两侧缝隙宽度均为 0.1 mm；SL 的金属导带宽度为 0.06 mm，长度为 2 mm。为验证所构建的等效电路模型的准确性，在此选取 HFSS 仿真结果、测试结果作为对照组，与模型求解结果（ADS 仿真结果）进行对比，如图 2.49 所示。

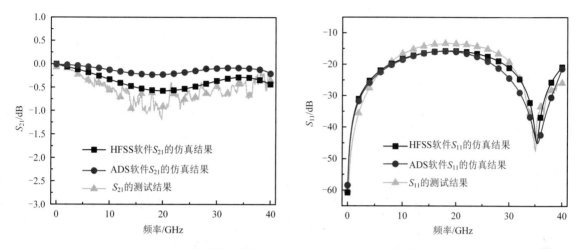

图 2.49　模型求解结果和 HFSS 仿真结果、测试结果对比

仿真结果表明，在 0.1～40 GHz 频率范围内，模型求解结果与 HFSS 仿真结果、测试结果高度吻合，很好地验证了等效电路模型的准确性。S_{21} 在整个建模频段频带内被精确地刻画了出来，S_{11} 在谐振频率附近的传输特性也被准确地描述了出来。同时，可以从图 2.49 中看出，当信号频率大于 20 GHz 时，模型求解结果与 HFSS 仿真结果开始出现偏差，这主要是由 CPWG 有损模型和 SL 有损模型导致的，但是鉴于 S_{11} 已足够小，不足以导致一系列信号完整性问题。因此，它对等效电路模型的有效性几乎不产生影响。

综上所述，相较于典型的 Π 型等效电路模型，高精度等效电路模型更详细地分析了过孔互连结构的传输特性，通过不断完善和优化网络参数，有效提高了等效电路模型在高频处的求解精度，并且实现了过孔互连结构的宽带建模和精确建模。由于高精度等效电路模型增加了更多的网络参数，仿真运行时长相较于快速收敛等效电路模型虽有所增加，但相差无几，同时模型求解结果与 HFSS 仿真结果拟合度更高，大大提高了建模精度。因此，可以通过对过孔互连结构构建高精度等效电路模型，对其电气特性进行精确模拟和详细分析。

2.5　本章总结

随着电子信息产业的迅速发展，大量小型化、智能化的电子设备不断涌现出来，LCP 作为

5G 时代最具潜力的柔性基板，在通信领域具有广泛应用。过孔互连结构是实现高密度系统封装小型化的关键技术，其传输特性制约着电子系统的发展。本章针对多层 LCP 电路板中过孔互连结构展开了一系列研究，主要工作内容总结如下。

（1）对 LCP 的材料特性和多层 LCP 基板制备工艺流程进行了深入的探讨。通过采用半固化片将单/双面覆铜 LCP 基板进行叠层压合，实现了 4 层 LCP 基板的制备，并采用机械钻孔技术和 UV 激光钻孔技术分别对多层 LCP 基板中的通孔和盲孔进行了加工制作。

（2）基于多层 LCP 基板进行了 CPWG-SL-CPWG 过孔互连结构的仿真设计、实物加工和测试工作。重点研究了过孔互连结构中物理模型参量对微波传输特性的影响规律，研究表明，半径较小的过孔和焊盘及半径较大的反焊盘可以有效改善过孔互连结构的传输特性。通过引入电磁屏蔽通孔对过孔互连结构进行了优化，通过仿真分析可知，在信号过孔周围布置数量较多、密度较大的电磁屏蔽通孔可以有效抑制谐振点的出现。优化后的过孔互连结构在 0.1～40 GHz 频率范围内，S_{21} 优于 0.6 dB，S_{11} 优于 15.7 dB，测试结果与仿真结果有较好的一致性。

（3）针对 CPWG-SL-CPWG 过孔互连结构进行了快速收敛等效电路模型的构建与求解。研究了过孔结构中的电磁模式，详细分析了过孔互连结构中的寄生参数分布，利用微波网络法构建了过孔互连结构的快速收敛等效电路模型，对模型中寄生参数的计算公式进行了理论推导，引入了层间电容 C_b 的快速收敛解析式，并在 MATLAB 软件中进行了收敛性验证。结果表明，快速收敛解析式相较于原始表达式，求和级数所用的截断数 N 大大减少，有效提高了计算效率。在 ADS 软件中搭建了快速收敛等效电路模型，仿真结果表明，在 0.1～40 GHz 频率范围内，模型求解结果与 HFSS 仿真结果及测试结果有较好的一致性，但仿真运行时长缩短，提高了设计效率。

（4）针对 CPWG-SL-CPWG 过孔互连结构进行了高精度等效电路模型的构建与求解。重点研究了电源/接地面产生的平行金属板效应对过孔传输特性的影响，引入板间阻抗 Z_{pp} 来反映过孔信号返回路径的输入阻抗，详细分析了过孔结构中电磁模式转换产生的寄生效应，对 Π 型集总等效电路模型进行了优化，建立了内在等效电路模型。利用解析公式提取了模型中的寄生参数，采用腔模谐振法分析了板间阻抗 Z_{pp}，并对其有效性进行了仿真验证。在 ADS 软件中搭建了高精度等效电路模型，仿真结果表明，在 0.1～40 GHz 频率范围内，模型求解结果与 HFSS 仿真结果及测试结果高度吻合，能够很好地模拟出过孔互连结构的高频性能。

2.6 参考文献

[1] Y. LI, FANG L, TAO T, et al. Modeling and signal integrity analysis of RRAM-based

neuromorphic chip crossbar array using partial equivalent element circuit (PEEC) method[J]. IEEE Transactions on Circuits and Systems I: Regular Papers, 2022, 69(9): 3490-3500.

[2　XU J, WANG D W, LIU J, et al. Equivalent circuit model of strip line up to 110GHz[C]. 2022 Asia-Pacific International Symposium on Electromagnetic Compatibility (APEMC), 2022.

[3] WANG T, HARRINGTON R F, MAUTZ J R. Quasi-static analysis of a microstrip via through a hole in a ground plane[J]. IEEE Transactions on Microwave Theory and Techniques, 1988, 36(6): 1008-1013.

[4] KOK P, ZUTTER D D. Capacitance of a circular symmetric model of a via hole including finite ground plane thickness[J]. IEEE Transactions on Microwave Theory and Techniques, 1991, 39(7): 1229-1234.

[5] WANG Z, GAO J, FLOWERS G T, et al. Modeling and analysis of signal integrity of high-speed interconnected channel with degraded contact surface[J]. IEEE Transactions on Components, Packaging and Manufacturing Technology, 2019, 9(11): 2227-2236.

[6] 刘锐. 复杂体系下粒子间近场辐射换热研究[D]. 哈尔滨：哈尔滨工业大学，2021.

[7] MAEDA S, KASHIWA T, FUKAI I. Full wave analysis of propagation characteristics of a through hole using the finite-difference time-domain method[J]. IEEE Transactions on Microwave Theory and Techniques, 1991, 39(12): 2154-2159.

[8] 翟小社，王建华，宋政湘，等. 信号完整性分析中时域宏模型结合电路仿真的方法研究[J]. 西安交通大学学报，2007，41（06）：631-635.

[9] ZHI C, DONG G, ZHU Z, et al. Time-domain power distribution network (PDN) analysis for 3-D integrated circuits based on WLP-FDTD[J]. IEEE Transactions on Microwave Theory and Techniques, 2022, 12(3): 551-561.

[10] GUO C, HUBING T H. Circuit models for power bus structures on printed circuit boards using a hybrid FEM-spice method[J]. IEEE Transactions on Advanced Packaging, 2006, 29(3): 441-447.

[11] ZHANG Y, YANG S, SU D. An edge-based smoothed FEM for accurate high-speed interconnect modeling[C]. 2019 IEEE MTT-S International Conference on Numerical Electromagnetic and Multiphysics Modeling and Optimization (NEMO), 2019.

[12] BOGDANOV F G, CHOCHIA I, SVANIDE L, et al. Validation of MoM-based solution of waveguide port problem for composite structures applied to microwave antenna and PCB geometries[C]. 2019 49th European Microwave Conference (EuMC), 2019.

[13] ZHANG Y J, FAN J. An intrinsic circuit model for multiple vias in an irregular plate pair through

rigorous electromagnetic analysis[J]. IEEE Transactions on Microwave Theory and Techniques, 2010, 58(8): 2251-2265.

[14] GAO S P, PAULIS F D, LIU E X, et al. Fast-convergent expression for the barrel-plate capacitance in the physics-based via circuit model[J]. IEEE Microwave and Wireless Components Letters, 2018, 28(5): 1-3.

[15] DING YF, DOYLE M S, CONNOR S, et al. Physics-based modeling for determining transient current flow in multi-layer PCB PI designs[C]. 2022 IEEE International Symposium on Electromagnetic Compatibility & Signal/Power Integrity (EMCSI), 2022.

[16] BABA T, MUSTAPHA N A C, HASBULLAH N F. Signal integrity analysis and noise source extraction of integrated circuits using IBIS models[C]. 2021 IEEE Regional Symposium on Micro and Nanoelectronics (RSM), 2021.

[17] HWANGBO S, RAHIMI A, YOON Y K. Cu/Co multilayer-based high signal integrity and low RF loss conductors for 5G/millimeter wave applications[J]. IEEE Transactions on Microwave Theory and Techniques, 2018, 66(8): 3773-3780.

[18] FENG L, ZHU H, FENG W, et al. A new class of wideband MS-to-MS vialess vertical transition with function of filtering performance[J]. IEEE Transactions on Circuits and Systems II: Express Briefs, 2021, 68(6): 1877-1881.

[19] 余昌喜, 笪余生, 林玉敏, 等. 基于多层 PCB 的基板射频信号传输特性研究[J]. 空间电子技术, 2022, 19 (06): 69-74.

[20] SCHUSTER C, FICHTNER W. Parasitic modes on printed circuit boards and their effects on EMC and signal integrity[J]. IEEE Transactions on Electromagnetic Compatibility, 2001, 43(4): 416-425.

[21] MA D, DING M, LU J, et al. Study of shielding ratio of cylindrical ferrite enclosure with gaps and holes[J]. IEEE Sensors Journal, 2019, 19(15): 6085-6092.

[22] LI Z, WANG P, ZENG W. Analysis of wideband multilayer LTCC vertical via transition for millimeter-wave system-in-package[C]. 2017 18th International Conference on Electronic Packaging Technology, 2017.

[23] 张木水, 李玉山. 信号完整性分析与设计[M]. 北京: 电子工业出版社, 2010.

[24] 刘维红, 刘烨. 多层 LCP 电路板过孔互连电路模型快速构建[J]. 上海交通大学学报, 2022, 56 (11): 1547-1553.

[25] 王晓蓉. 基于 LTCC 的微波模块垂直互连可靠性研究[D]. 南京: 东南大学, 2020.

[26] 许晓飞. 高速高密度电路互连结构的传输特性研究[D]. 北京: 北京交通大学, 2020.

[27] ZHANG Y J, FAN J, SELLI G, et al. Analytical evaluation of via-plate capacitance for multilayer printed circuit boards and packages[J]. IEEE Transactions on Microwave Theory and Techniques, 2008, 56(9): 2118-2128.

[28] GAO S P, LIU E X. Recent developments in the physics-based via circuit model[C]. 2019 Joint International Symposium on Electromagnetic Compatibility, Sapporo and Asia-Pacific International Symposium on Electromagnetic Compatibility (EMC Sapporo/APEMC), 2019.

[29] OO Z Z, LIU E X, WEI X C, et al. Cascaded microwave network approach for power and signal integrity analysis of multilayer electronic packages[J]. IEEE Transactions on Components, Packaging and Manufacturing Technology, 2011, 1(9): 1428-1437.

[30] WANG C, MAO J, SELLI G, et al. An efficient approach for power delivery network design with closed-form expressions for parasitic interconnect inductances[J]. IEEE Transactions on Advanced Packaging, 2006, 29(2): 320-334.

[31] RIMOLO-DONADIO R, GU X, KWARK Y H, et al. Physics-based via and trace models for efficient link simulation on multilayer structures up to 40 GHz[J]. IEEE Transactions on Microwave Theory and Techniques, 2009, 57(8): 2072-2083.

[32] 李海良. 多层微波电路通孔结构的建模与电磁特性研究[D]. 成都：电子科技大学，2010.

[33] JIN S, LIU D, CHEN B, et al. Analytical equivalent circuit modeling for BGA in high-speed package[J]. IEEE Transactions on Electromagnetic Compatibility, 2018, 60(1): 68-76.

[34] SHI X, ZENG R, LV L. Electrical modeling and analysis of through-silicon-via crosstalk based on scalable physical lumped circuit model for 3D packaging[C]. 2019 22nd European Microelectronics and Packaging Conference & Exhibition (EMPC), 2019.

[35] WANG Z L, WADA O, TOYOTA Y, et al. Convergence acceleration and accuracy improvement in power bus impedance calculation with a fast algorithm using cavity modes[J]. IEEE Transactions on Electromagnetic Compatibility, 2005, 47(1): 2-9.

[36] WANG Z L, WADA O, TOYOTA Y, et al. Efficient calculation of power bus impedance using a fast algorithm together with a segmentation method[J]. IEEJ Transactions on Fundamentals and Materials, 2005, 124(12): 1185-1192.

[37] PENUGONDA S, YONG S, WANG Y. et al. Generic modeling of via-stripline structures in multi-layer board for high speed applications[C]. 2019 IEEE International Symposium on Electromagnetic Compatibility, Signal & Power Integrity (EMC+SIPI), 2019.

第3章 毫米波射频前端系统中键合线电路的分析与设计

在使用 LCP 技术的射频前端系统中，可以采用多种方法实现不同芯片和元器件之间的电气连接，如引线键合、倒装焊[1]、刻蚀通孔[2]和载带自动焊接等技术[3]。其中，引线键合技术具有工艺简单、成本低、灵活性强的优点，在实际生产中得到了广泛应用[4]。目前，引线键合技术依然保持着良好的市场优势，随着技术的改良，其未来的发展前景也不容小觑[5]。该技术的实现方式一般是键合设备（如键合机）在多种能量（热能、机械振动、压力等）的共同作用下使键合线（通常由细的金属丝构成）与焊接区域发生原子扩散与嵌合，从而达到芯片焊盘与基板上的传输线（或封装引脚）电气连接的目的[6]。在低频情况下，这种连接是非常理想的。但是随着频率的升高，键合线引入的寄生效应越来越明显，使得射频电路的阻抗匹配逐渐失效，影响互连电路的信号传输特性，图 3.1 展示了一根长度为 0.45 mm，直径为 0.0254 mm 的键合线的信号传输特性。可以看到，随着频率的升高，键合线的信号传输特性变差，而这种现象在信号接近毫米波频率（30 GHz）时变得尤其明显。因此，分析 LCP 集成毫米波射频前端系统中键合线电路并设计相应的匹配网络具有极其重要的意义。

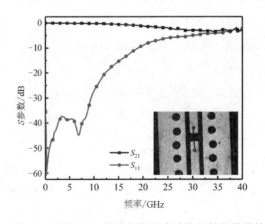

图 3.1 基于 LCP 的键合线互连结构及其传输特性

3.1　键合线材料的分析

为了实现稳定的毫米波射频前端性能，对键合线的材料进行分析十分必要，这是因为键合线使用的材料是保证键合线电路长久而稳定工作的重要前提。其中，导体的电导率 σ 和导热系数是键合线材料选择的常用参数。电导率越大，导电性能越强，电能损耗越少。导热系数越大的导体导热能力越强，有助于温度及时扩散。另外，在引线键合技术中，键合线的硬度（HBS）和化学稳定性也是保证键合质量与系统长期工作的重要指标。键合线的硬度越小，其延展性越好，在进行引线键合时越不容易被键合机扯断，并且焊点的成型性越好。化学稳定性越高的金属在被制作成元器件后，其工作的时间一般越长，这是因为在元素周期表中，排名越靠前的金属活泼性越高，遇到其他物质越容易发生化学反应。因此，在引线键合技术中常常选择硬度较小且化学稳定性较高的金属作为键合线，如金、银、铜等。

如今，键合线材料层出不穷，不仅有传统的金线、银线和铜线，还有多种金属混合构成的合金键合线，如应用于 LED 封装的 Ag/Pd/Au 合金键合线[7]。但是合金键合线的应用场景目前还不够广泛，相对传统键合线来说具有一定的局限性。因此，本课题仅对应用广泛的传统键合线进行分析，传统键合线的特性参数如表 3.1 所示。

表 3.1　传统键合线的特性参数

名称	电导率 σ/（S/m）	导热系数/（W/mK）	硬度	化学稳定性	价格
金线	4.10×10^7	317	18	高	高
银线	6.30×10^7	429	25	中	中
铜线	5.80×10^7	401	37	低	低

在已知的材料中，金线是性能最适合的单质引线材料，它具有优良的导热、导电和力学性能，而且化学稳定性较高，很难与大部分物质发生反应。金线的硬度最低，延展性最好，在进行键合时不易断裂，可以实现良好的焊接性能，被广泛应用于各种电子元器件（如二极管、三极管和集成电路）的制造[8]。但是随着技术的提升及电子产品轻便化的需求，金线高昂的价格使得它在低频应用中逐渐被其他材料的键合线替代。

相比于金线和铜线，银线具有最好的电导率和导热性能，且成本较低，仅为金线的 1/6～1/5。与铜线相比，银线具有较高的化学稳定性，在键合时仅需氮气进行保护，比较安全。但是银线的硬度较高、抗拉强度较差，在键合时会因电子迁移而呈现锥状，导致键合球不圆，从而使键合失效，不够牢靠。虽然银线不易氧化，但是在潮湿的环境中工作容易被硫化腐蚀[9]。

铜线的电导率比金线大得多，非常接近银线，而且铜线具有良好的导热性（导热系数约为金线的 1.3 倍），十分有利于散热。但是铜线的硬度过高，容易造成基板的损伤，形成"弹坑"缺陷。此外，铜线的化学稳定性差，这使得在球焊过程中，必须采用氮气与氢气的混合气体保护，增加了使用成本。并且铜线不适合工作于高温和高湿的环境中，很容易被氧化和腐蚀，进而导致器件失效[10]。

虽然银线和铜线的电导率和成本优于金线，但是在化学和力学性能方面与金线有一定差距。尤其是金线的抗腐蚀特性和优异的延展性，使得它可以最大限度地保障毫米波射频前端电路的长期稳定工作。因此，本书选择金线作为毫米波射频电路使用的键合线。

3.2　引线键合技术的简介

（1）引线键合技术根据键合工具的不同可分为球形键合和楔形键合[11]。

在进行球形键合时，键合线穿过键合机的劈刀中心孔到达劈刀端部。劈刀产生电火花熔化端部键合线的伸出部分。熔融金属在表面张力的作用下，凝固成标准的球形（金属球直径一般为金属直径的 2～3 倍）。键合机下降劈刀，在合适的压力和时间内，将金属球精确地焊接在对应的焊盘或引脚上。在键合过程中，劈刀向金属球施加压力，促进金属球与焊盘金属板之间发生原子扩散并形成塑性形变，进而完成焊点 1（劈刀第一次接触焊盘的位置）的键合。劈刀移到焊点 2（劈刀第二次接触焊盘的位置）的位置，通过劈刀外壁对键合线施加压力以形成楔形键合。键合机扯线并使键合线断裂。劈刀上升到设定的高度且送线达到要求的尾线长度后，进入下一键合循环。球形键合没有固定的键合方向，在焊点 1 完成键合后，劈刀可以任意角度走线完成焊点 2 的键合[12]。由于球形键合在走线时弯折的幅度较大，容易造成引线的损伤。因此，球形键合一般用于焊盘间距不小于 100 μm 的情况，且键合线一般选择延展性好的金线。球形键合的工艺流程如图 3.2 所示。

① ② ③ ④

图 3.2　球形键合的工艺流程

在进行楔形键合时，键合线穿过劈刀的引线孔，且与水平键合面形成 30°～60° 的夹角。之后下降劈刀，并在超声波、压力和时间的共同作用下使键合线与焊盘的金属表面接触形成结合，楔形键合的工艺流程如图 3.3 所示。楔形键合是一种方向单一的键合技术，即劈刀只能顺着一个方向进行键合与移动，其主要优点是适用于更小的键合拱高和跨距，且键合焊点可选择圆形和扁带形[13]。楔形键合的方向单一性导致其键合速度低于球形键合，但楔形键合的焊点尺寸却远小于球形键合，且键合区的键合线变形度仅为 30%，而球形键合线变形度则高达 70%。另外，楔形键合形成的引线拱高与线长均小于球形键合形成的引线拱高与线长，且拱高与线长的控制更加容易，工艺更加简单便捷，具有更高的生产效率。因此，在微波模块、微波多芯片组件等微波产品的组装过程中，楔形键合获得了更为广泛的应用。

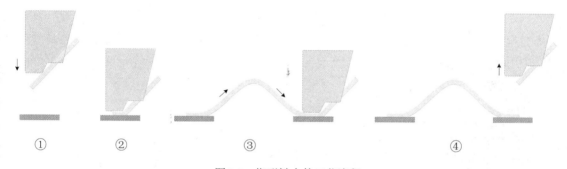

①　　　　　　②　　　　　　　③　　　　　　　　　　④

图 3.3　楔形键合的工艺流程

（2）引线键合技术根据能量施加方式的不同可分为热压键合、超声波键合及热压超声波键合[14]。

热压键合是在加热与加压的条件下，使金属丝与焊盘表面之间发生原子扩散与嵌合，从而进行键合的一种技术。该技术在 1957 年的贝尔实验室中被首次使用，是最早的封装键合技术，但现在已很少使用。热压键合中的劈刀一般有针形和锥形等多种形状。在热压键合的过程中，压焊点与压焊头均需加热，且温度通常控制在 150～200℃，以确保相关区域没有被氧化。

超声波键合是在超声波能量的作用下，使劈刀发生水平方向的弹性振动，同时，在振动过程中施加压力，使劈刀带动金属丝在焊盘表面迅速摩擦，进而使金属丝发生塑性形变，在焊盘的整个微观区域内完成紧密焊接的一种技术。由于超声波键合存在摩擦，因此可以有效去除焊接表面的金属氧化层，提高了焊接的质量。单一的超声波键合在常温下即可完成，工艺简单便捷。

热压超声波键合是在外加热源、压力和超声波能量的情况下进行键合的一种技术。该技术融合了热压键合和超声波键合的优点。通过超声波的作用将焊盘表面的一般污染物和氧化层去除，同时在焊接界面进行加热，进而使原子之间互相扩散，形成新的金属间致密接触，产生原子键合。在热压超声波键合的过程中，键合基板的温度一般控制在 120～240℃，由于是低温加热，因此可以较为有效地抑制金属间化合物的生长。由于加热、加压和超声波能量的合力作用，引线键合的可靠性大幅提高，工艺范围也有了较大的调整空间。

目前，引线键合技术应用于毫米波射频前端电路，面临的主要问题仍是键合线的寄生效应引起的阻抗失配。因此，研究如何通过电路设计来减小或补偿键合线的寄生效应具有重大意义。

3.3 键合线等效电路模型的构建

为保证较高频率下的键合线的互连性能，需要对键合线的寄生效应进行分析，并建立键合线等效电路模型。图 3.4 所示为键合线电路的三维结构示意图。根据微波理论，当键合线的长度 l_{bw} 与工作波长相近时，键合线应该被看作一根"长线"，忽略电导，这时的键合线可以被等效为一个由寄生电阻 R、电感 L、电容 C 构成的 RLC 电路，如图 3.5 所示。虽然这个等效电路模型早已被提出[15]，但是如何准确地提取这些寄生参数，始终是该领域的一个难题，为此本课题做了以下工作。

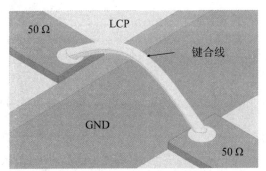

图 3.4 键合线电路的三维结构示意图

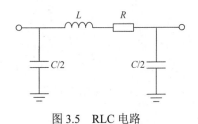

图 3.5 RLC 电路

3.3.1 键合线几何长度的提取

提取键合线的寄生参数必须捕捉到键合线的几何结构。其中，键合线的拱高 h_m、跨距 S_p、半径 r_{bw} 等都为已知变量，只有键合线的长度 l_{bw} 需要通过计算得出，而本课题使用的键合线工艺为热超声楔形键合，在大多数文献中，楔形键合线使用比较简单的半圆形进行建模[16,17]，其物理结构如图 3.6 所示。然而，这些形状并不能代表键合线的实际形状（见图 3.7），其甚至与实际形状相比差异较大。不仅如此，这种半圆形键合线等效电路模型只有一个参数（圆的半径）可以表示键合线的几何参数。若用 h_m 表示键合线的拱高，则键合线的跨距 S_p 为 $2h_m$，长度 l_{bw} 为 πh_m。显然，这种表示方法不太准确。

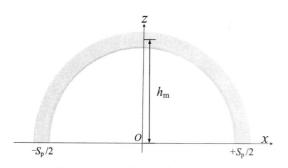

图 3.6　半圆形键合线的物理结构

图 3.7　键合线的实际形状

为了捕捉键合线的真实形状，可以使用高斯分布函数对键合线的几何模型进行数学逼近。为了证实这一点，本课题借助 MATLAB 软件使用高斯分布函数绘制了一条曲线，如图 3.8 所示。将其与实际的键合线进行比较，可以看出，使用高斯分布函数绘制的曲线形状非常接近所制造的键合线。高斯分布函数的表达式为

$$f(x;\mu,\sigma^2)=\frac{1}{\sqrt{2\pi\sigma^2}}\mathrm{e}^{-\left((x-\mu)^2/2\sigma^2\right)} \tag{3.1}$$

式中，μ 是函数峰值的位置；σ^2 是方差。当函数的峰值位于 x 轴的中心（$x=0$）时，方差为 1。此时，标准高斯分布函数可以表示为

$$f(x)=a\mathrm{e}^{-bx^2} \tag{3.2}$$

式中，$a=1/\sqrt{2\pi}$；$b=1/2$。为了建立基于高斯分布函数的键合线形状的解析模型，必须确定式（3.2）中的 a 和 b，并用键合线参数代替。其中，高度 h_m 为键合线几何高度的峰值，可以直接替代式（3.2）中的 a，公式如下：

$$f(x)=h_\mathrm{m}\mathrm{e}^{-bx^2} \tag{3.3}$$

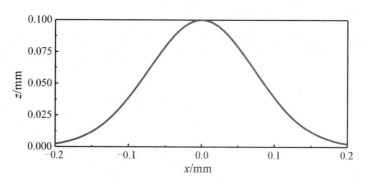

图 3.8　MATLAB 软件绘制的键合线

为了确定 b，考虑键合线的楔形焊点示意图，如图 3.9 所示。其中，t_p 表示键合线焊点薄片的厚度。

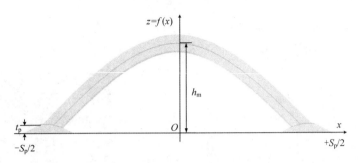

图 3.9　键合线的楔形焊点示意图

在 $x=\pm(S_p/2)$ 处，有

$$h_m e^{-b\left(\pm\left(S_p/2\right)\right)^2} = t_p \tag{3.4}$$

将式（3.4）进行简单变换，并取对数得到

$$\ln\left(e^{-b\left(\pm\left(S_p/2\right)\right)^2}\right) = \ln\left(\frac{t_p}{h_m}\right) \tag{3.5}$$

进而得到

$$-\left(\frac{S_p}{2}\right)^2 b = \ln\left(\frac{t_p}{h_m}\right) \tag{3.6}$$

所以

$$b = \frac{4}{S_p^{\,2}} \ln\left(\frac{h_m}{t_p}\right) \tag{3.7}$$

将式（3.7）代入式（3.3）可得到表示键合线实际形状的解析模型，该模型依赖变量 h_m、S_p 和 t_p，公式如下：

$$f(x) = h_m e^{-(4/S_p^{\,2})\ln(h_m/t_p)x^2} \tag{3.8}$$

为了计算键合线的几何长度 l_{bw}，在键合线上任意选取两点 A 和 B，如图 3.10 所示。

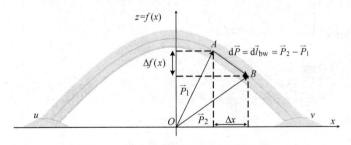

图 3.10　键合线几何长度的解析示意图

A 点的位置可以用向量 $\vec{P}_1 = x\vec{I}_x + f(x)\vec{I}_z$ 表示，B 点的位置可以用向量 $\vec{P}_2 = (x+\Delta x)\vec{I}_x + f(x+$

$\Delta x)\vec{I}_z$ 表示。那么键合线的矢量微分长度 $\mathrm{d}\vec{l}_{\mathrm{bw}}$ 就是向量 $\vec{P}_2$ 和向量 $\vec{P}_1$ 的差值，即

$$\mathrm{d}\vec{l}_{\mathrm{bw}} = (x+\Delta x - x)\vec{I}_x + \left(f(x+\Delta x) - f(x)\right)\vec{I}_z \tag{3.9}$$

进而有

$$\mathrm{d}l_{\mathrm{bw}} = \left|\mathrm{d}\vec{l}_{\mathrm{bw}}\right| = \sqrt{(\Delta x)^2 + (f(x+\Delta x) - f(x))^2} \tag{3.10}$$

对上式进行化简得到

$$\mathrm{d}l_{\mathrm{bw}} = \sqrt{(\Delta x)^2 \left[1 + \left(\frac{f(x+\Delta x) - f(x)}{\Delta x}\right)^2\right]} \tag{3.11}$$

$$\mathrm{d}l_{\mathrm{bw}} = \Delta x \sqrt{1 + \left[\frac{f(x+\Delta x) - f(x)}{\Delta x}\right]^2} \tag{3.12}$$

使中括号内的 $\Delta x \to 0$，并记 Δx 为 $\mathrm{d}x$，有

$$\lim_{\Delta x \to 0} \frac{f(x+\Delta x) - f(x)}{\Delta x} = \lim_{\Delta x \to 0} \frac{\Delta f(x)}{\Delta x} = \frac{\mathrm{d}f(x)}{\mathrm{d}x} \tag{3.13}$$

结合式（3.12）和式（3.13），有

$$\frac{\mathrm{d}l_{\mathrm{bw}}}{\mathrm{d}x} = \sqrt{1 + \left(\frac{\mathrm{d}f(x)}{\mathrm{d}x}\right)^2} \tag{3.14}$$

$$l_{\mathrm{bw}} = \int_u^v \sqrt{1 + \left(\frac{\mathrm{d}f(x)}{\mathrm{d}x}\right)^2} \, \mathrm{d}x \tag{3.15}$$

式中，u 和 v 分别是键合线的起始位置和终止位置。S_{p} 表示 u 到 v 的距离。将式（3.8）代入式（3.15）可得键合线的几何长度表达式为

$$l_{\mathrm{bw}} = \int_u^v \sqrt{1 + \left(\frac{\mathrm{d}}{\mathrm{d}x} h_{\mathrm{m}} \mathrm{e}^{-(4/S_{\mathrm{p}}^2)\ln(h_{\mathrm{m}}/t_{\mathrm{p}})x^2}\right)^2} \, \mathrm{d}x \tag{3.16}$$

式（3.16）可进一步表示为

$$l_{\mathrm{bw}} = \int_u^v \sqrt{1 + [(-2bx)(h_{\mathrm{m}} \mathrm{e}^{-bx^2})]^2} \, \mathrm{d}x \tag{3.17}$$

式中，$b = -(4/S_{\mathrm{p}}^2)\ln(h_{\mathrm{m}}/t_{\mathrm{p}})$。

3.3.2　键合线寄生参数的提取

（1）键合线寄生电阻的提取。

在毫米波射频前端电路中，导体中存在的寄生电阻主要是由趋肤效应导致的。趋肤效应是指电流在流经导体时只集中在导体表面上的一种现象，它使导体的有效横截面积减小，交流电阻增大。在低频情况下，这种效应并不明显，但随着频率的升高，趋肤效应表现出的寄生电阻越来越

大，最终会影响导体的信号传输特性。可以用趋肤深度来描述趋肤效应的程度，电流主要集中在导体表面往导体内延伸的趋肤深度之间。趋肤深度 δ 的计算公式可以表示为

$$\delta = \frac{1}{\sqrt{\pi f \mu \sigma}} \tag{3.18}$$

式中，μ 为材料的磁导率；σ 为材料的电导率。

如果键合线的直径 d_s 与趋肤深度 δ 满足 $d_s/\delta < 3.394$，那么键合线的寄生电阻 R 表示为

$$R = (4\rho l_{bw} / \pi d_s^2)\cosh[0.041(d_s / \delta)^2] \tag{3.19}$$

如果 $d_s/\delta \geqslant 3.394$，那么键合线的寄生电阻 R 表示为

$$R = (4\rho l_{bw} / \pi d_s^2)(0.25 d_s / \delta + 0.2654) \tag{3.20}$$

式中，ρ 是键合线所使用材料的电阻率。

（2）键合线寄生电感的提取。

在图 3.5 所示的键合线寄生等效电路中，键合线的寄生电感是影响毫米波性能的主要因素，键合线寄生电感的计算公式可表示为

$$L = \left(\frac{\mu_0 l}{2\pi}\right)\left[\ln\frac{4l}{d} + \mu_r \tanh\left(\frac{4\delta}{d}\right) - 1\right] \tag{3.21}$$

（3）键合线寄生电容的提取。

键合线寄生电容的提取有助于工程师搭建和模拟射频系统，为此，本课题进行了相关研究。

首先考虑平行极板电容的计算公式：

$$C = \frac{\varepsilon_r S}{4\pi K d} = \frac{\varepsilon_r \varepsilon_0 S}{d} \tag{3.22}$$

式中，ε_r 为 2 个平行极板之间填充材料的相对介电常数；S 为 2 个平行极板重叠区域的面积；K 为静电力常量，$K = 1/(4\pi\varepsilon_0)$；$d$ 为 2 个平行极板之间的距离；ε_0 为真空介电常数，$\varepsilon_0 = 8.85\times10^{-12}\,\text{F/m}$。

键合线寄生电容与平行极板电容类似。图 3.11 所示为键合线相对接地面的结构示意图，考虑将键合线上一块长度为 Δx，宽度为 $2r_{bw}$ 且平行于地面的平行金属板看作电容的上极板 A，与之对应的接地面上将存在一块同样大小的下极板 A′，中间的空气则为 2 个平行极板之间的填充介质，那么这 2 个平行极板所构成的电容大小 ΔC 就可以利用式（3.22）进行计算。

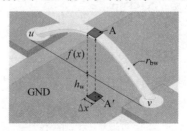

图 3.11 键合线相对接地面的结构示意图

其中，2 个平行极板重叠区域的面积可以表示为

$$S = 2r_{bw}\Delta x \tag{3.23}$$

记 h_w 为介质层厚度与顶层金属厚度的总和，则 2 个平行极板之间的距离 d 是键合线不断变化的拱高 h 与 h_w 之和，而拱高 h 的变化可以用式（3.8）的键合线函数表示，于是距离 d 可以表示为

$$d = h_m e^{-bx^2} + h_w \tag{3.24}$$

因此，该平行极板的电容大小 ΔC 可以表示为

$$\Delta C = \frac{\varepsilon_r \varepsilon_0 2 r_{bw} \Delta x}{h_m e^{-bx^2} + h_w} \tag{3.25}$$

记 Δx 为 dx，ΔC 为 dC，有

$$\frac{dC}{dx} = \frac{\varepsilon_r \varepsilon_0 2 r_{bw}}{h_m e^{-bx^2} + h_w} \tag{3.26}$$

所以，键合线的总寄生电容 C 为

$$C = \varepsilon_r \varepsilon_0 2 r_{bw} \int_u^v \frac{dx}{h_m e^{-bx^2} + h_w} \tag{3.27}$$

3.3.3　双线键合的等效电路模型

由于键合线寄生电感对高频存在阻碍作用，因此减小键合线寄生电感是提高毫米波射频前端电路性能的有效途径。其中，双线键合能够在一定程度上发挥作用，这是因为双线键合是 2 根键合线的并联放置，如图 3.12 所示。2 根键合线各自的寄生电感被并联之后减小了整体的键合线电感。值得注意的是，除了 2 根键合线各自的自感，在这 2 根键合线之间还会存在一定的互感，这又增加了一定量的有效电感，因此该双线键合的等效电路模型如图 3.13 所示。其中，L_1 和 L_2 分别是键合线 BW_1 和 BW_2 的自感，L_M 是 2 根键合线之间的互感；R_1 和 R_2 分别是 2 根键合线的寄生电阻；C_1 和 C_2 分别是 2 根键合线的寄生电容。

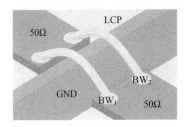

图 3.12　双线键合的三维结构示意图

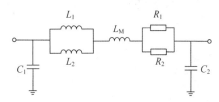

图 3.13　双线键合的等效电路模型

图 3.13 的等效电路模型可以简化成图 3.14 的等效电路模型，其中，$L_E = L_1 // L_2 + L_M$，$R_E = R_1 // R_2$。

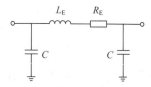

图 3.14 双线键合的等效电路简化模型

当 2 根并联键合线的材料和几何形状均相同时，有 $L_1=L_2=L$，$R_1=R_2=R$，$C_1=C_2=C$，这时双线键合产生的寄生电阻 R_E 是单线键合的一半，因此电阻 R_E 的计算公式可以表示为

$$R_E = \frac{R}{2} = \begin{cases} (2\rho l_{bw} / \pi d_s^{\,2})\cosh[0.041(d_s / \delta)^2], & d_s / \delta < 3.394 \\ (2\rho l_{bw} / \pi d_s^{\,2})(0.25 d_s / \delta + 0.2654), & d_s / \delta \geqslant 3.394 \end{cases} \tag{3.28}$$

电感 L_E 的计算需要分为两个部分：自感 L_i（$i=1,2$）和互感 L_M。其中自感 L_i 的计算与单线键合电感 L 的计算方式一致，互感 L_M 的解析模型为

$$L_M = \left(\frac{\mu_0 l}{2\pi}\right)\left[\ln\left(\frac{l_{bw}}{p} + \sqrt{1+\left(\frac{l_{bw}}{p}\right)^2}\right) - 1 + \frac{p}{l_{bw}} - \sqrt{1+\left(\frac{p}{l_{bw}}\right)^2}\right] \tag{3.29}$$

式中，p 为 2 根键合线之间的距离。因此，双线键合的总电感 L_E 可以表示为

$$L_E = \frac{L}{2} + L_M \tag{3.30}$$

寄生电容 C 的计算方式与单线键合一致，仍用式（3.27）表示。

3.3.4 键合线结构参数对其传输特性的影响

经过上面的解析模型分析，在设计键合线结构时应尽量保证键合线直径大、跨距短，这样才能尽可能提高其微波传输特性。实际上，除了键合线的直径和跨距，其拱高、数量及并列键合线间距等因素，也会对传输特性产生明显影响。相较于键合工艺水平、键合质量等不可控因素，金线的直径、跨距、拱高、数量及并联键合线间距等因素可以通过仿真设计来人为地控制与优化。因此，本节将基于 HFSS 软件对键合线结构的各结构参数进行建模仿真，分析其对微波传输特性的影响规律，为后续电路设计提供依据。

（1）键合线直径对传输特性的影响。

在 HFSS 软件中，构建仿真键合线直径的模型。利用 Agilent 公司的 ADS 软件中的插件 Line Calc，计算得到 50 Ω 特征阻抗 CPWG 的尺寸。其中，CPWG 中心导体的线宽设置为 0.22 mm，缝隙设置为 0.14 mm，两中心导体之间的间距设置为 0.2 mm。选用一根金线进行键合，保证键合线位于 CPWG（或芯片焊盘）的中心，键合线跨距设置为 0.4 mm，拱高固定为 0.1 mm，直径为 d（单位：mm），模型如图 3.15 所示，仿真结果如图 3.16 所示。

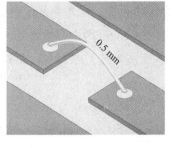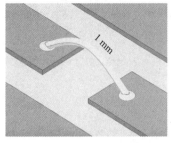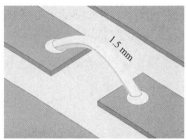

(a) 0.5 mm　　　　　　　　　　(b) 1 mm　　　　　　　　　　(c) 1.5 mm

图 3.15　仿真键合线直径的模型

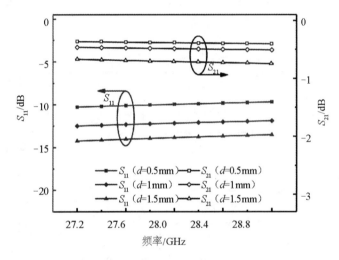

图 3.16　键合线直径对传输特性影响的仿真结果

在图 3.16 中，直径为 0.5 mm、1 mm 和 1.5 mm 的键合线结构，在中心频率 28 GHz 处的 S_{11} 分别为-9.97 dB、-12.18 dB 和-13.86 dB，S_{21} 分别为-0.39 dB、-0.49 dB 和-0.71 dB。键合线结构的 S_{11} 和 S_{21} 均随键合线直径的增大而减小。分析其原因，随着键合线直径的增大，键合线的等效电感和等效电容会减小，键合线结构的传输特性因此得到改善。

综上所述，随着频率的不断升高，选用直径较大的键合线有助于改善键合线结构的传输特性。但是，考虑到键合互连不仅要保证信号的传输质量，还要保证整个系统的工程质量，一般对键合线直径的选取不能过大。因为随着金线直径的增大，其韧性也在不断变差，太粗的金线往往会因韧性太差而极易断裂，这对整个系统来说是毁灭性的。因此结合工程实际，对键合线在传输特性和力学特性之间进行折中，一般选用直径为 1 mm 的金线进行键合。

（2）键合线跨距对传输特性的影响。

在 HFSS 软件中，构建仿真键合线跨距的模型，同样 CPWG 依（1）进行匹配设计，选用一根金线进行键合，保证键合线位于 CPWG（或芯片焊盘）的中心，金线的直径设置为 1 mm，拱高固定为 0.1 mm，固定键合线的焊点距焊盘外边缘 0.05 mm。通过改变 CPWG 两中心导体之间的距离，将键合线的跨距 l 分别调整为 0.2 mm、0.25 mm 和 0.3 mm，模型如图 3.17 所示，仿真结果如图 3.18 所示。

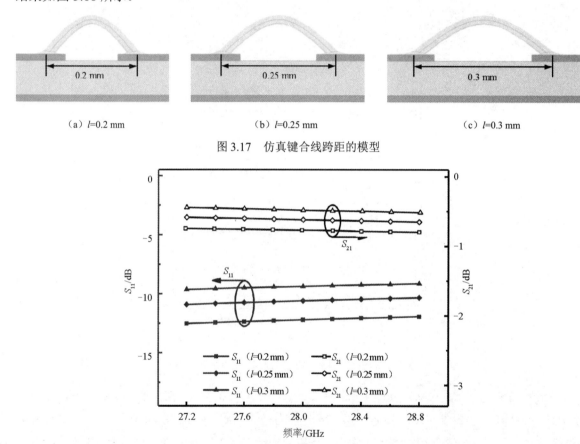

| （a）l=0.2 mm | （b）l=0.25 mm | （c）l=0.3 mm |

图 3.17　仿真键合线跨距的模型

图 3.18　键合线跨距对传输特性影响的仿真结果

在图 3.18 中，跨距为 0.2 mm、0.25 mm 和 0.3 mm 的键合线结构，在中心频率 28 GHz 处的 S_{11} 分别为-12.20 dB、-10.60 dB 和-9.37 dB，S_{21} 分别为-0.77 dB、-0.62 dB 和-0.49 dB。键合线结构的 S_{11} 和 S_{21} 均随键合线跨距的增大而增大。分析其原因，随着键合线跨距的增大，键合线的等效电感和等效电容会增大，键合线结构的传输特性因此恶化。

综上所述，随着频率的不断升高，选用跨距较小的键合线有助于改善键合线结构的传输特性。

因此在设计毫米波射频前端系统时，在工艺允许的情况下，应尽量将键合线的焊点与焊盘外边缘之间的距离（本课题选用的芯片焊盘大小均为 0.1 mm×0.1 mm，一般将焊点设置在焊盘正中心，即将焊点与焊盘外边缘之间的距离控制在 0.05 mm 左右）、传输线与外焊盘边缘之间的距离设计到最短（多层 LCP 电路板布局布线的工艺极限为 0.1 mm），这样才能保证将键合互连带来的信号反射与损耗降到最低。

为了表征键合线不同跨距对其传输特性的影响，在多层 LCP 电路板上设计制作了不同间隔的 CPWG。CPWG 的间距分别为 0.1 mm、0.15 mm 和 0.2 mm，因为两边焊点离 CPWG 中心导体末端均有 0.05 mm 的距离，所以对应的键合线跨距分别为 0.2 mm、0.25 mm 和 0.3 mm，如图 3.19 所示。利用 WestBond 公司的 7372E 型贴片机进行金线键合，采用 Cascade 公司的 EPS150 型探针台和罗德与施瓦茨公司的 VNA40 型矢量网络分析仪对键合线进行测试，测试结果如图 3.20 所示。从图 3.20 中可以看出，键合线结构的 S_{11} 和 S_{21} 均随键合线跨距的增大而增大。在毫米波射频前端工作的中心频率 28 GHz 处，所表征的键合线按跨距依次递增，其 S_{21} 分别为-1.41 dB、-1.37 dB 和-1.16 dB，较仿真结果的-0.77 dB、-0.62 dB 和-0.49 dB 分别恶化了 0.64 dB、0.75 dB 和 0.67 dB；S_{11} 分别为-10.70 dB、-9.16 dB 和-8.80 dB，较仿真结果的-12.20 dB、-10.60 dB 和-9.37 dB 恶化了 1.50 dB、1.44 dB 和 0.57 dB。分析测试结果较仿真结果恶化的原因，主要是因为在 CPWG 的测试端口处没有做渐变过渡结构，测试时探针直接将信号反馈到 CPWG 上，在高频情况下会由于没有做匹配而产生反射。

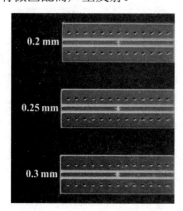

图 3.19　不同跨距的键合线

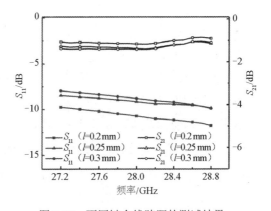

图 3.20　不同键合线跨距的测试结果

（3）键合线拱高对传输特性的影响。

在 HFSS 软件中，构建图 3.21 所示的仿真键合线拱高的模型，选用一根金线进行键合，保证键合线位于 CPWG（或芯片焊盘）的中心，键合线直径设置为 1 mm，跨距设置为 0.2 mm，将键合线拱高 h 分别调整为 0.1 mm、0.15 mm 和 0.2 mm，仿真结果如图 3.22 所示。

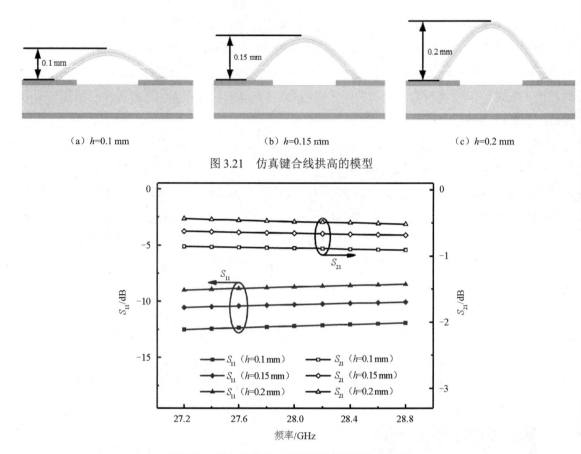

（a）h=0.1 mm   （b）h=0.15 mm   （c）h=0.2 mm

图 3.21　仿真键合线拱高的模型

图 3.22　键合线拱高对传输特性影响的仿真结果

在图 3.22 中,对拱高分别为 0.1 mm、0.15 mm 和 0.2 mm 的键合线进行仿真,在中心频率 28 GHz 处的 S_{11} 分别为-12.20 dB、-10.30 dB 和-8.72 dB,S_{21} 分别为-0.87 dB、-0.66 dB 和-0.49 dB。键合线结构的 S_{11} 和 S_{21} 均随键合线拱高的增大而增大,键合线结构的传输特性因此恶化。

综上所述,随着频率的不断升高,选用拱高较小的键合线有助于改善键合线结构的传输特性。因此,在实际工程设计中,在确保键合线强度的前提下,应使拱高尽可能小。

（4）键合线数量对传输特性的影响。

在 HFSS 软件中,构建图 3.23 所示的仿真键合线数量的模型,键合线直径设置为 1 mm,跨距设置为 0.2 mm,拱高设置为 0.1 mm,并联键合线间距设置为 0.1 mm,保证键合线始终位于 CPWG（或芯片焊盘）的中心（1 根键合线的情况下）或与中心保持对称分布（2 根、3 根键合线的情况下）,分别对 1 根、2 根、3 根键合线进行仿真,仿真结果如图 3.24 所示。

（a）1 根键合线

（b）2 根键合线

（c）3 根键合线

图 3.23　仿真键合线数量的模型

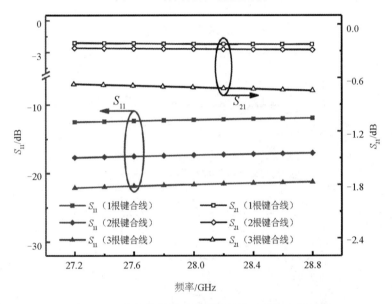

图 3.24　键合线数量对传输特性影响的仿真结果

在图 3.24 中，分别对 1 根、2 根、3 根键合线进行仿真，在中心频率 28 GHz 处的 S_{11} 分别为 -12.18 dB、-17.34 dB 和 -21.62 dB，S_{21} 分别为 -0.22 dB、-0.28 dB 和 -0.49 dB。键合线结构的 S_{11} 和 S_{21} 均随键合线数量的增多而显著减小，键合线结构的传输特性因此得到很大的改善。

综上所述，随着频率的不断升高，选用更多根键合线进行键合有助于改善键合线结构的传输特性，且改善效果显著，说明键合线数量是影响键合线结构传输特性最主要的因素之一。因此，在芯片焊盘有限的空间内布置多根键合线，有助于提高整个系统的性能。

（5）并联键合线间距对传输特性的影响。

在使用多根键合线同时键合以提升键合线结构传输特性的同时，会引入一个不可避免的因素，那就是并联键合线间距对键合线结构传输特性的影响。为了研究这一因素的影响，在 HFSS

软件中，构建图 3.25 所示的仿真并联键合线间距的模型，键合线直径设置为 1 mm，跨距设置为 0.2 mm，拱高设置为 0.1 mm，选用 2 根金线进行键合，保证这 2 根金线始终位于 CPWG（或芯片焊盘）的中心两侧并保持对称分布,调整 2 根金线的间距 p 分别为 0.05 mm、0.1 mm 和 0.15 mm，仿真结果如图 3.26 所示。7

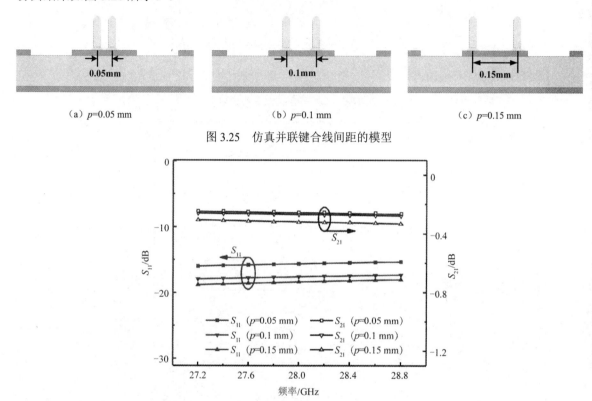

（a）p=0.05 mm   （b）p=0.1 mm   （c）p=0.15 mm

图 3.25　仿真并联键合线间距的模型

图 3.26　并联键合线间距对传输特性影响的仿真结果

在图 3.26 中，对间距分别为 0.05 mm、0.1 mm 和 0.15 mm 的键合线进行仿真，在中心频率 28 GHz 处的 S_{11} 分别为 -15.63 dB、-17.59 dB 和 -18.38 dB，S_{21} 分别为 -0.26 dB、-0.27 dB 和 -0.32 dB，键合线结构的 S_{11} 和 S_{21} 均随并联键合线间距的增大而减小。从仿真结果中可以看出，键合线结构的传输特性虽然得到了改善，但并不显著。

分析键合线数量与并联键合线间距对键合线结构传输特性的影响程度。众所周知，在有限的焊盘空间中，用多根键合线进行键合会使并联键合线间距减小，但是研究键合线数量对键合线结构传输特性的影响时发现，键合线数量越多，键合线结构的传输特性越好，这似乎与研究并联键合线间距对键合线结构传输特性影响所得出的结论矛盾。其实，通过仔细分析图 3.24 和图 3.26 的仿真结果可以看出，相较于并联键合线间距对键合线结构传输特性的影响程度，键合线数量对键合线结构传输特性的影响更大。因此在工程设计中，应根据实际情况首先保证采用多根键合线进行键合，再尽可能增大并联键合线间距。

3.4　Ka 波段键合线匹配电路的设计与实现

由于键合线在 Ka 波段工作时，容易受到寄生效应的影响而使射频阻抗失配，进而降低系统的信号传输特性。为此，可以通过设计键合线匹配电路来优化信号传输特性。其中，集总元件的匹配方法适用于较低的工作频率[18]。对于短截线匹配，占用了过大的 PCB 面积，不利于系统的小型化。四分之一波长变换器匹配可以占用较小的 PCB 面积，但这种匹配方法仅在特定频率下具有良好的信号传输特性，不适合宽带毫米波的应用。相比之下，由短传输线组成的阶跃阻抗匹配电路具有面积小、通频带宽的优点。因此，本节基于短传输线理论设计了 Ka 波段键合线匹配电路。

3.4.1　基于微带线的单线键合匹配电路

微带线作为一种经典的传输线，在射频领域中的重要性不言而喻。图 3.27 所示为一段由顶层导体 S 和底层接地面构成的微带线结构示意图。

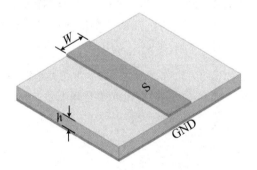

图 3.27　微带线结构示意图

其特征阻抗[19]表示为

$$Z_0 = \begin{cases} \dfrac{60}{\sqrt{\varepsilon_e}} \ln\left(\dfrac{8h}{W} + \dfrac{W}{4h}\right), & W/h \leqslant 1 \\[4mm] \dfrac{120\pi}{\sqrt{\varepsilon_e}\left[W/h + 1.393 + 0.667\ln\left(W/h + 1.444\right)\right]}, & W/h \geqslant 1 \end{cases} \tag{3.31}$$

式中，ε_e 为微带线的有效介电常数

$$\varepsilon_e = \frac{\varepsilon_r + 1}{2} + \frac{\varepsilon_r - 1}{2} \frac{1}{\sqrt{1 + 12h/W}} \tag{3.32}$$

ε_r 为基板介质材料的相对介电常数。从式（3.31）和式（3.32）中我们可以知道，微带线的阻抗与相对介电常数 ε_r、微带线的宽度 W 及介质的厚度 h 有关。并且根据上述公式，微带线存在这样的性质：在基板介质和厚度不变的情况下，增大微带线的宽度 W 可以减小微带线的阻抗；或者在介质和微带线宽度不变的情况下，减小介质的厚度也可以减小阻抗。灵活地掌握上述性质可以帮助我们进行一些电路的设计，阶跃阻抗滤波器的设计就是利用高低阻抗交替变化的短传输线构建出的一种滤波网络。

对于一个无源传输系统，其工作频带内的 $|S_{21}|$ 和 S_{11} 越小，表明系统的传输特性越好。但当传输环境较差时，系统往往达不到预期的性能，所以在工程领域通常会设置一个无源传输系统的性能基准：S_{21}>-3 dB，S_{11}<-10 dB。而对于图 3.1 所示的单键合线传输系统，其传输特性不满足上述要求。因此，在本课题中，键合线匹配电路的设计指标就是达到上述传输特性，使得键合线在规定的频率范围内满足 S_{21}>-3 dB 且 S_{11}<-10 dB。

3.4.1.1 键合线匹配结构与等效电路

根据微带线的性质和上述工程应用要求，本课题基于双层 LCP 基板设计了一个工作于 Ka 波段的键合线匹配电路，如图 3.28 所示。其中，顶层主要由 50 Ω 测试端口、50 Ω 微带线、高阻抗微带线、低阻抗微带线及一根键合线构成，底层为一个完整的接地面。根据短传输线理论：高阻抗部分的传输线可以等效为一个电感，低阻抗部分的传输线可以等效为一个电容[20]。结合图 3.4，该匹配结构的集总参数等效电路可以用图 3.29 来表示。其中，L 是键合线所对应的寄生电感，R 是键合线的寄生电阻，C 为键合线对地的寄生电容，C_h 为高阻抗微带线的等效电容，C_{low} 为低阻抗微带线的等效电容。由于键合线的寄生电容 C 和低阻抗微带线的等效电容 C_{low} 为并联连接关系，因此，本课题在这里用一个电容表示。

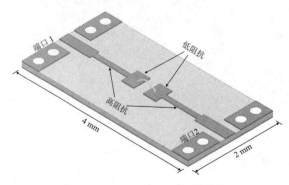

图 3.28　Ka 波段键合线匹配电路

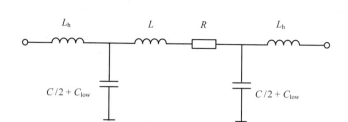

图 3.29　键合匹配结构的集总参数等效电路

3.4.1.2　键合线匹配电路的设计过程

根据图 3.29 的等效电路，该匹配电路可基于五阶切比雪夫低通滤波器进行设计，其详细设计过程如下。

（1）计算键合线的寄生参数。

计算键合线的寄生参数需要先确定该五阶切比雪夫低通滤波器的最高工作频率 f 和截止频率 f_c。由于设计的是 Ka 波段的匹配电路，因此，最高工作频率为 40 GHz。为了保证该匹配电路在 Ka 波段内具有良好的传输特性（$S_{11}<-10$ dB），截止频率需要保留一定的频率裕量。为此，本课题经过多次实验得出了一条经验法则：选择最高工作频率的 1.8 倍频作为截止频率，可以较为快速地建立键合线匹配电路。所以，本课题将该键合线匹配电路的截止频率 f_c 设定为 72 GHz。为了保证匹配电路拥有较小的损耗，选择切比雪夫低通滤波器的纹波系数为 0.5 dB，查表获得五阶切比雪夫低通滤波器的原型值，如表 3.2 所示。

表 3.2　五阶切比雪夫低通滤波器的原型值

g_1	g_2	g_3	g_4	g_5
1.7058	1.2296	2.5408	1.2296	1.7058

根据式（3.33）和式（3.34）可以计算出图 3.30 所示的五阶切比雪夫低通滤波器的各阶集总参数，如表 3.3 所示。在式（3.33）和式（3.34）中，k 代表原型值所对应的阶数，Z_0 为 50 Ω 特征阻抗。

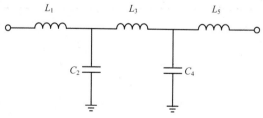

图 3.30　五阶切比雪夫低通滤波器

$$L_k = \frac{Z_0 g_k}{2\pi f_c} \tag{3.33}$$

$$C_k = \frac{g_k}{2\pi f_c Z_0} \tag{3.34}$$

表 3.3　五阶切比雪夫低通滤波器的各阶集总参数

L_1	C_2	L_3	C_4	L_5
188 pH	54 fF	281 pH	54 fF	188 pH

根据式（3.19）～式（3.21）和式（3.27），将电感 L_3 用拱高为 0.1 mm，跨距为 0.4 mm，半径为 0.0125 mm 的键合线替代，且 L_3 对应图 3.29 中的 L。由于键合线的确定，因此可得出图 3.29 中键合线的寄生参数（L=0.28 nH，R =0.36 Ω，C=8.2 fF）。

（2）计算匹配电路的传输线尺寸。

根据阶跃阻抗短传输线理论，高阻抗传输线（$Z_0 = Z_h$）可以近似替代图 3.30 的串联电感 L_1 和 L_5，低阻抗传输线（$Z_0 = Z_l$）可以近似替代并联电容 C_2 和 C_4。Z_h/Z_l 应尽可能大，Z_h 和 Z_l 的实际值通常设置为工艺允许范围内的最高和最低特征阻抗。对应的传输线的实际长度可以由式（3.35）和式（3.36）计算得出：

$$l_L = \frac{g_k Z_0 \lambda_h}{2\pi Z_h} \tag{3.35}$$

$$l_C = \frac{g_k Z_l \lambda_l}{2\pi Z_0} \tag{3.36}$$

式中，l_L 和 l_C 分别为高阻抗传输线和低阻抗传输线对应的实际长度；λ_h 和 λ_l 分别为高阻抗传输线和低阻抗传输线对应的波导波长。

由于双层 LCP 基板加工工艺的限制，在该设计中，Z_h 的阻抗为 81 Ω，Z_l 的阻抗为 35 Ω，对应最高工作频率下的波导波长分别为 5.1 mm 和 4.8 mm。根据双层 LCP 基板的参数和式（3.35）、式（3.36），经过计算得到匹配电路的微带传输线尺寸如表 3.4 所示。

表 3.4　匹配电路的微带传输线尺寸

名称	Z_h 的长度 l_L	Z_h 的宽度 W_L	Z_l 的长度 l_C	Z_l 的宽度 W_C
尺寸/mm	0.85	0.1	0.65	0.4

（3）原理图仿真。

使用计算的微带线参数替代图 3.29 中的电感 L_h 和电容 C_{low}，在 ADS 软件中建立图 3.31 所示的电路原理图，运行仿真得到单线键合匹配电路的传输特性，如图 3.32 所示。

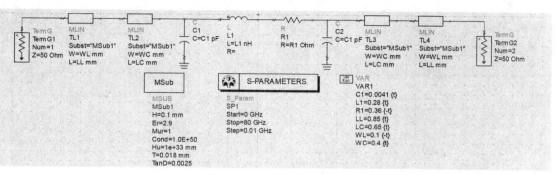

图 3.31　基于微带线的单线键合匹配电路原理图

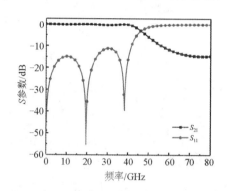

图 3.32　单线键合匹配电路的传输特性

由图 3.32 可以看出，该匹配电路具有明显的五阶切比雪夫低通特性，且在 Ka 波段内 S_{21}>-0.43 dB，S_{11}<-11.13 dB，满足工程应用要求。

（4）版图仿真。

相比于版图仿真，ADS 软件的原理图仿真存在一定的理想性，因此，为了进一步验证该匹配电路的传输特性，使用 HFSS 软件对该结构的版图进行仿真。图 3.33 展示了 l_L=0.85 mm、W_L=0.1 mm、l_C=0.65 mm、W_C=0.4 mm 时匹配电路在 Ka 波段内的传输特性。可以看到，在整个频段内 S_{21}<-0.68 dB，S_{11}<-9.22 dB。相比于 ADS 软件的仿真结果，HFSS 软件的 S_{21} 恶化了 0.25 dB 左右，S_{11} 恶化了 2 dB 左右。虽然整体相差不大，但是 S_{11} 不满足设计的指标要求，需要对该匹配电路进行优化。

在图 3.30 所示的五阶切比雪夫低通滤波器中，低阻抗微带线等效为 C_2 和 C_4；在图 3.29 所示的键合线等效电路中，低阻抗微带线等效为 C_{low}。值得注意的是，图 3.29 等效电路中还存在键合线寄生电容 C 的影响，这使得等效的切比雪夫低通滤波器的并联电容被增大。因此，为了优化电路，考虑减小 C_{low}，使得整体的并联电容 $C+C_{low}$ 与 C_2、C_4 相当。而 C_{low} 受 l_C 与 W_C 所乘面积的影响，面积越小，C_{low} 越小，所以本课题准备对参数 l_C 进行优化，看其是否能达到预期的传输特性。在 HFSS 软件中设置低阻抗微带线的长度 l_C，并使 l_C 从 0.3 mm 逐渐增大到 0.7 mm，得到 S_{11} 随 l_C 的变化情况，如图 3.34 所示。从仿真结果可以看到，当 l_C=0.3 mm 时，在整个 Ka 波段内 S_{11}<-11.45 dB，满足工程应用指标的要求。

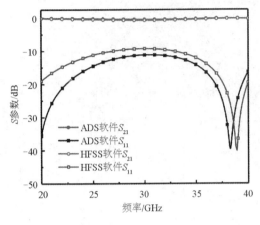

图 3.33　ADS 软件与 HFSS 软件的仿真结果对比　　　图 3.34　l_C 的变化对 S_{11} 的影响

3.4.1.3　键合线匹配电路的测试验证

为了表征基于微带线的单线键合匹配电路，本课题与深圳市中科翌鑫电路科技有限公司进行合作，对 HFSS 软件优化后的键合线匹配电路进行了加工，委托西安西岳电子技术有限公司对该结构进行了金线键合。使用安捷伦公司的矢量网络分析仪 N5224B 和凯斯科德制造公司生产的探针台对实物进行了测试。图 3.35 所示为单线键合匹配电路的 HFSS 软件仿真结果与测试结果对比，图 3.36 所示为单线键合匹配电路的测试平台和实物图。

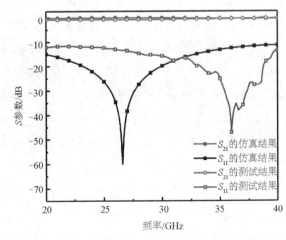

图 3.35　单线键合匹配电路的 HFSS 软件仿真结果与测试结果对比

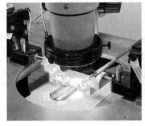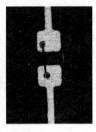

图 3.36　单线键合匹配电路的测试平台和实物图

　　测试结果显示，该匹配电路在 Ka 波段内的 S_{21} 为-0.56 dB，最大损耗为-0.82 dB，出现在频率 29 GHz 处，最小损耗为-0.02 dB，出现在频率 38 GHz 处，而仿真结果的 S_{21}>-0.48 dB，整体差距不大。测试结果的 S_{11} 在 Ka 波段内小于-11.66dB，满足工程应用要求。只是测试的传输极点与仿真的传输极点相差了 9.4 GHz，导致这种差异的原因是该匹配电路的加工过程采用的是手工键合，不能保证实际的键合线长度与仿真长度一致。当键合线跨距从 0.4 mm 增大到 0.475 mm 时，键合线的寄生电感将由原来的 0.281 nH 增大至 0.343 nH，对应的寄生电容增大至 9.6 pF，寄生电阻增大至 0.42 Ω。图 3.37 和图 3.38 展示了当键合线跨距增大至 0.475 mm 时的 ADS 软件电路原理图和仿真结果与测试结果对比。可以发现，二者的传输特性几乎一致。

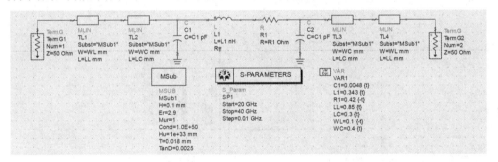

图 3.37　跨距为 0.475 mm 时的 ADS 软件电路原理图

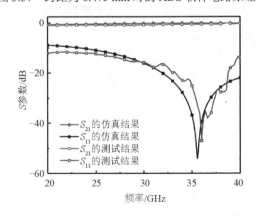

图 3.38　跨距为 0.475 mm 时的 ADS 软件仿真结果与测试结果对比

综上，当使用双层 LCP 基板进行电路设计时，可以使用阶跃阻抗的匹配方式建立 Ka 波段单线键合匹配电路，以提升单线的传输特性，并且该匹配电路具有设计简单、节省键合成本的优点。

3.4.2 基于微带线的双线键合匹配电路

由于键合线的寄生电感对高频信号具有阻碍作用，因此减小键合线的寄生电感是提高毫米波射频前端电路性能的有效途径。其中，加大键合线的直径可以有效减小键合线的寄生电感，但是这种方式会增加键合线的刚性，在某些情况下使用可能会导致键合线断裂，从而影响系统性能。而根据本章的理论，使用双线键合也可以降低键合线寄生电感对高频信号的影响，为此，本课题制作了一个双线键合结构对上述理论进行检验。图 3.39 所示为该双线键合结构的测试结果，可以看到，在 Ka 波段内，双线键合的传输特性相比于图 3.1 中的单线键合有了很大程度的改善，但是仍不满足 Ka 波段的应用要求。因此，仍需对双线键合匹配电路进行研究。

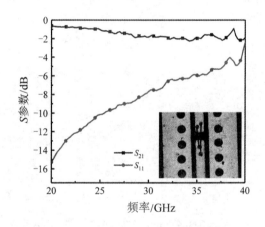

图 3.39　双线键合结构的测试结果

3.4.2.1 键合线匹配结构与等效电路

虽然 3.4.1 节设计的单线键合结构具有键合成本方面的优势，但其使用的匹配电路占用了较大的 LCP 基板面积，不利于系统的集成化。为了减小匹配电路的尺寸，可根据微带线阻抗计算公式（3.33）通过减小介质层厚度的方法实现。由 1.5 节的 LCP 工艺规范可知，4 层 LCP 基板的顶层介质层厚度仅为 47μm（双层 LCP 基板厚度为 100μm）。为此，在双层 LCP 基板的基础上，本课题又制作了 4 层 LCP 基板。并且基于 4 层 LCP 基板设计了双线键合结构来改善键合线的传输特性。图 3.40 所示为双线键合结构示意图。其使用了 4 层 LCP 基板的顶层和 layer2，其中顶层主要由 50Ω 测试端口、50Ω 微带线、低阻抗微带线及 2 根键合线构成，layer2 为一个完整的接地面。根据阶跃阻抗理论：高阻抗部分的传输线可以等效为一个电感，低阻抗部分的传输线可以等效为一个电容。结合图 3.13 的双线键合等效电路模型，该结构的等效电路可以用图 3.41 来表示。其中，L_1 和 L_2 分别是 2 根键合线所对应的自感，L_M 是 2 根键合线之间的互感，R_1 和 R_2 分别是 2 根键合线所对应的寄生电阻，C_1 和 C_2 分别是 2 根键合线对地的寄生电容，C_{low} 为低阻抗微带线的等效电容。由于键合线的寄生电容和低阻抗微带线的等效电容为并联连接。因此，本课题仍用一个电容表示。

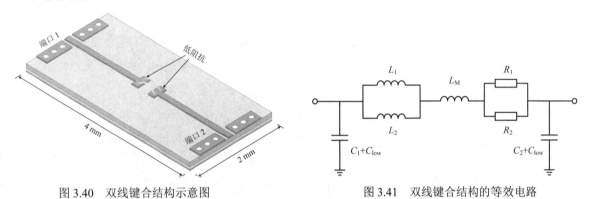

图 3.40　双线键合结构示意图　　　　　图 3.41　双线键合结构的等效电路

3.4.2.2　键合线匹配电路的设计过程

根据图 3.41 所示的等效电路，该匹配电路可基于三阶巴特沃斯低通滤波器进行设计，其详细设计过程如下。

（1）计算键合线的寄生参数。

首先，确定匹配电路的最高工作频率 $f = 40\ \text{GHz}$；其次，根据 3.4.1 节提到的截止频率经验法则，确定该键合线匹配电路的截止频率 $f_c = 72\ \text{GHz}$；之后，查表获得三阶巴特沃斯低通滤波器的原型值（$g_1 = 1$，$g_2 = 2$，$g_3 = 1$）；最后，根据式（3.33）和式（3.34）可以计算出图 3.42 所示的三阶巴特沃斯低通滤波器的各阶集总参数，其中 $C_{g1} = 44\ \text{fF}$，$L_{g2} = 22\ \text{nH}$，$C_{g3} = 44\ \text{fF}$。

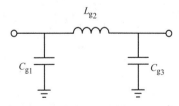

图 3.42　三阶巴特沃斯低通滤波器

根据本章的计算结果，将图 3.42 中的电感 L_{g2} 用拱高为 0.1 mm，跨距为 0.4 mm，半径为 0.0125 mm 的键合线替代，且 L_{g2} 对应图 3.41 中的 $L_1 // L_2 + L_M$。由于确定了键合线，进而得到图 3.41 中键合线的各寄生参数：$L_1=L_2=0.28$ nH，$L_M=0.08$ nH，$R_1=R_2=0.36\ \Omega$，$C_1=C_2=8.2$ fF。

（2）计算匹配电路的传输线尺寸。

根据图 3.41 的等效电路和阶跃阻抗理论，需要设计低阻抗传输线来替代 C_{low}。考虑到匹配电路的面积不能太大，因此，本节决定在 3.4.1 节的基础上对宽度 W_C 进行缩减，最终确定低阻抗传输线的宽度 W_C 为 0.3 mm，其对应的传输线特征阻抗 Z_1 为 24 Ω，波导波长为 4.7 mm。之后通过式（3.36）计算出低阻抗传输线的实际长度 l_C 应为 0.35 mm。

（3）原理图仿真。

使用长度为 0.35 mm，宽度为 0.3 mm 的低阻抗微带线替代图 3.41 中的并联电容 C_{low}，在 ADS 软件中建立图 3.43 所示的电路原理图。运行仿真得到图 3.44 所示的双线键合匹配电路的传输特性。

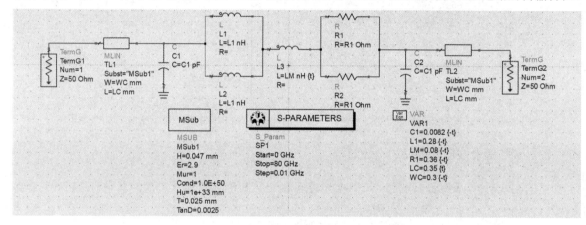

图 3.43　基于微带线的双线键合匹配电路原理图

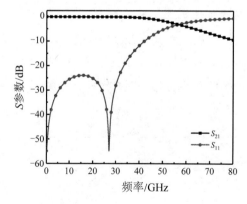

图 3.44　双线键合匹配电路的传输特性

从图 3.44 中可以看到，该电路的曲线呈现明显的三阶巴特沃斯低通特性，并且在整个 Ka 波段内 S_{21} 均优于-0.34 dB，S_{11} 均优于-11.85 dB，符合工程应用的要求。

（4）版图仿真。

为了进一步验证该匹配电路的传输特性，使用 HFSS 软件对该结构的版图进行仿真。图 3.45 展示了当 W_L=0.35 mm、W_C=0.3 mm 时匹配电路在 20～40 GHz 频率范围内的传输特性。可以看到，在整个频率内的 S_{21}>-0.21 dB，S_{11}<-15.84 dB，具有良好的信号传输特性。相比 ADS 软件的仿真结果，HFSS 软件在 20～34.5 GHz 频率范围内的仿真结果与 ADS 软件的仿真结果存在一定的差距，而在 34.5～40 GHz 频率范围内拥有更好的仿真结果。经过分析，导致这种现象的原因是 ADS 软件在仿真时只能采用单一介质 LCP，而 HFSS 软件在仿真时使用的是第 2 章中提到的 4 层 LCP 电路板结构，该 4 层 LCP 电路板结构包含半固化片和 LCP 两种介质，而由于这两种介质的介电常数、损耗角正切值等均不相同，最终导致了 ADS 软件与 HFSS 软件仿真结果的差异。

根据 3.4.1 节的分析，低阻抗微带线的等效电容 C_{low} 和键合线的寄生电容 C 将导致三阶巴特沃斯低通滤波器的并联电容增大。因此，可以进一步优化低阻抗微带线的电容长度 l_C，使匹配电路达到更好的信号传输特性。在 HFSS 软件中设置低阻抗微带线的长度 l_C，并使 l_C 从 0.15 mm 逐渐增大到 0.35 mm，得到 S_{11} 的变化情况，如图 3.46 所示。

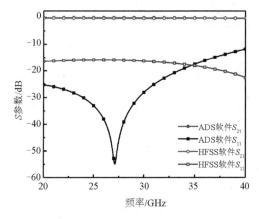
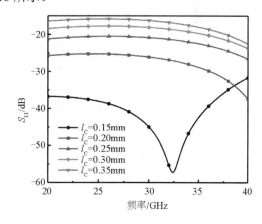

图 3.45　ADS 软件与 HFSS 软件仿真结果对比　　　　图 3.46　l_C 的变化对 S_{11} 的影响

从图 3.46 中可以看到，当 l_C=0.15 mm 时，在整个 Ka 波段内，S_{11} 均小于-30 dB，这表明此时的匹配电路具有良好的传输特性。

3.4.2.3　键合线匹配电路的测试验证

为了表征基于微带线的双线键合匹配电路，本课题与安捷利（番禺）电子实业有限公司进行合作，对 HFSS 软件优化后的键合线匹配电路进行加工，委托西安西岳电子技术有限公司对该结构进行金线键合。使用安捷伦公司的矢量网络分析仪 N5247A_PAN_X 和深圳展芯科技 PRCBE 系列的探针台对实物进行了测试。图 3.47 所示为该键合线匹配电路的测试平台和实物图，图 3.48 所示为 HFSS 软件仿真结果与测试结果对比。

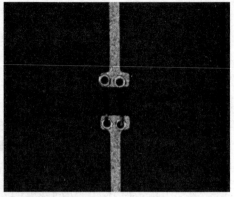

图 3.47　双线键合匹配电路的测试平台和实物图

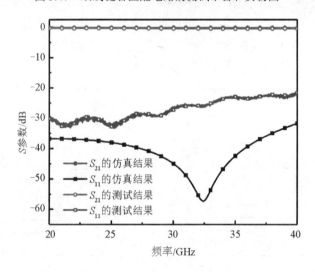

图 3.48　双线键合匹配电路的 HFSS 软件仿真结果与测试结果对比

　　测试结果显示，该匹配电路在 20～40 GHz 频率范围内，S_{21} 位于-0.4 dB 左右，最大损耗为-0.51 dB，出现在频率 40 GHz 处，最小损耗为-0.35 dB，出现在频率 20 GHz 处，与仿真结果相差不大。S_{11} 在 20～40 GHz 频率范围内位于-26 dB 左右，最大损耗为-22.12 dB，出现在频率 40 GHz 处，最小损耗为-33.12 dB，出现在频率 21.5 GHz 处，具有优异的传输特性。只是 S_{11} 的仿真结果与测试结果之间相差了大约 10 dB，该差值的出现一方面由手工键合的误差引起，另一方面可能由测试的系统误差导致，这是因为本次实验在同一块板子上设计了 50 Ω 微带线对照组。图 3.49 所示为该微带线的 HFSS 软件三维结构示意图与实物图，其中，微带线的宽度为 0.11 mm，长度为 4 mm。图 3.50 所示为该微带线的 HFSS 软件仿真结果与测试结果对比。在正常情况下，该微带线的仿真结果应该与测试结果相差不大，然而图 3.50 的结果表明 50 Ω 微带线的仿真结果与测试结果之间仍有大约 10 dB 的偏差。

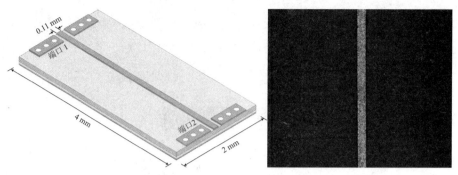

图 3.49　微带线的 HFSS 软件三维结构示意图与实物图

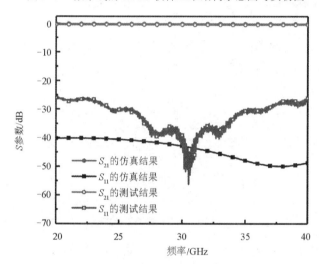

图 3.50　微带线的 HFSS 软件仿真结果与测试结果对比

综上，当使用 4 层 LCP 基板进行电路设计时，可以使用阶跃阻抗的匹配方式建立 Ka 波段双线键合匹配电路，以改善由键合线引起的阻抗失配问题，并且该匹配电路具有设计简单、性能优良、尺寸小的特点，适用于集成毫米波射频前端电路。

3.5　W 波段键合线匹配电路的设计与实现

目前，W 波段（75～110 GHz）成为空间通信应用中最重要的科学前沿频域，特别是当需求的数据速率达到 100 Mbit/s 以上时，W 波段将成为首选，因为该波段不但具有宽广的频带资源，而且具有窄波束等带来的高安全等级[21]。然而，W 波段的频率更高，器件研制的难度也较 Ka 波段大幅增加，所以目前还没有在轨应用的 W 波段卫星通信系统。但是，美国等发达国家相继开展了 W 波段通信链路相关计划和项目的研发，并完成了有关实验的验证[22]。反观国内，对于 W 波段通信链路的研发还处在起步阶段，为此，本节针对 W 波段通信链路中的键合线匹配电路进行研究。

3.5.1 基于 CPWG 的双线键合匹配电路

在射频电路的设计中，CPWG 传输线同样占据着举足轻重的地位，其三维结构示意图如图 3.51 所示。与微带线相同的是，CPWG 传输线也存在顶层的中心导体 S 和底层的接地面，不同的是，在中心导体 S 的两侧距离为 G 的地方增加了 2 个接地面，通过金属化过孔可以将顶部接地面与底部相连，实现一致的接地性能。因此，电磁波在经过 CPWG 传输线时，大部分能量可以保留在 PCB 介质材料的内部，适用于较高的频率。

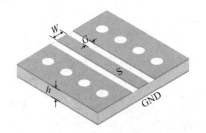

图 3.51 CPWG 传输线的三维结构示意图

对于图 3.51 的 CPWG 传输线，其特征阻抗 Z_0 表示为[23]

$$Z_0 = \frac{60\pi}{\sqrt{\varepsilon_e}} \frac{1}{\dfrac{K(k)}{K(k')} + \dfrac{K(k_1)}{K(k_1')}} \tag{3.37}$$

式中，$K(\cdot)$ 为第一类完全椭圆积分函数；ε_e 为 CPWG 传输线的有效介电常数

$$\varepsilon_e = \frac{1 + \varepsilon_r \dfrac{K(k')}{K(k)} \dfrac{K(k_1)}{K(k_1')}}{1 + \dfrac{K(k')}{K(k)} \dfrac{K(k_1)}{K(k_1')}} \tag{3.38}$$

$k = W/(2G+W)$；$k' = \sqrt{1-k^2}$；$k_1' = \sqrt{1-k_1^2}$；ε_r 为基板介质材料的相对介电常数

$$k_1 = \frac{\tanh\left(\dfrac{W\pi}{4h}\right)}{\tanh\left(\dfrac{(2G+W)\pi}{4h}\right)} \tag{3.39}$$

根据 CPWG 传输线的特征阻抗计算公式，我们可以知道，其阻抗与相对介电常数 ε_r、中心导

体的宽度 W、介质厚度 h 及中心导体到两侧接地面的距离 G 有关。并且与微带线性质相同，减小宽度 W 或增加厚度 h 都可以有效增加特征阻抗，不同的是，CPWG 传输线可以通过增大距离 G 来增加特征阻抗，但是 G 的设置通常要小于 2 倍的介质厚度，否则极易成为微带线结构。根据上述 CPWG 传输线特性，使用第 2 章的 4 层 LCP 电路板结构进行电路设计可以有效减小匹配电路的尺寸，从而提高系统的集成度。因此，本章仍使用 4 层 LCP 电路板进行 W 波段键合线匹配电路的实验。

3.5.1.1　键合线匹配结构与等效电路

虽然 CPWG 传输线具有较为优异的高频传输特性，但是键合线的引入同样会对信号的传输造成较大的影响。图 3.52 所示为基于 50 Ω 的 CPWG 传输线中一个未匹配的键合线互连结构的仿真结果与测试结果对比（仿真使用 HFSS 软件进行，测试使用的是安捷伦公司 N5247A_PAN_X 型号的矢量网络分析仪和深圳展芯科技 PRCBE 系列的探针台），HFSS 软件的三维结构示意图和实物图如图 3.53 所示。

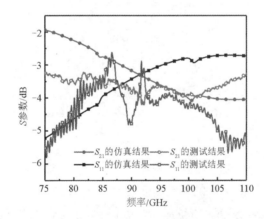

图 3.52　未匹配的键合线互连结构的仿真结果与测试结果对比

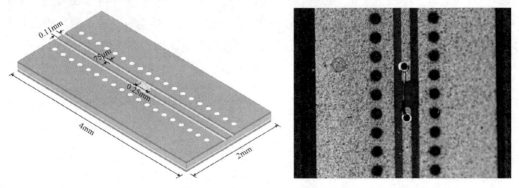

图 3.53　未匹配的键合线互连结构在 HFSS 软件中的三维结构示意图和实物图

从结果可以看出，未匹配的键合线互连结构的传输特性较差，在整个 W 波段内几乎无法使用。为此，结合双线键合理论，本节设计了基于 CPWG 的双线键合匹配电路，其三维结构示意图如图 3.54 所示。与 3.4 节基于微带线的双线键合匹配电路使用的原理相同，CPWG 键合线匹配电路也是基于阶跃阻抗短传输线理论进行设计的，由高阻抗传输线区域、低阻抗传输线区域和 50 Ω 传输线组成。不同的是，在基于微带线的键合匹配电路中，高阻抗的实现采用减小顶层微带线宽度的方法，而在基于 CPWG 的键合线匹配电路中，则采用缺陷地结构（Defected Ground Structure，DGS）的方法来实现高阻抗。这是因为传输线的阻抗不仅与线宽有关，还与顶层传输线距地面的高度 h 有关。当传输线的线宽被固定时，增加高度 h 也可以达到增加阻抗的目的。在图 3.54 中，采用 DGS 方法后，顶层传输线距地面的高度由 h_1 增加到 h_2，这时 h_2 所对应的传输线阻抗大于 h_1 所对应的传输线阻抗。只是该匹配电路的设计需要用到三层金属，不适用于双层 LCP 电路板。

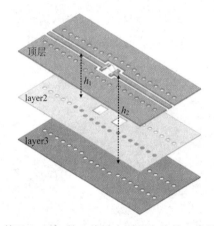

图 3.54　基于 CPWG 的双线键合匹配电路的三维结构示意图

由于该匹配电路是基于阶跃阻抗的原理进行设计的，因此，其等效电路可以由图 3.55 表示。其中，L_1 和 L_2 分别是 2 根键合线所对应的自感；L_M 是 2 根键合线之间的互感；R_1 和 R_2 分别是 2 根键合线所对应的寄生电阻；C_1 和 C_2 分别是 2 根键合线对地的寄生电容；L_h 表示加载了 DGS 的高阻抗 CPWG 传输线的等效电感；C_{low} 为低阻抗 CPWG 传输线的等效电容。由于键合线的寄生电容和低阻抗 CPWG 传输线的等效电容为并联连接关系，因此，本课题在这里仍用一个电容表示。

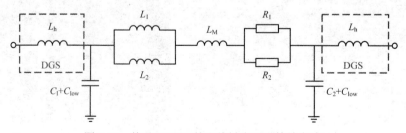

图 3.55　基于 CPWG 的双线键合匹配等效电路

3.5.1.2　键合线匹配电路的设计过程

（1）计算键合线的寄生参数。

根据图 3.55 的等效电路，该键合线匹配结构仍可以看作一个五阶切比雪夫低通滤波器。首先，确定匹配电路的最高工作频率 f =110 GHz。其次，根据 3.4 节提到的经验法则，选择最高工作频率的 1.8 倍频作为该匹配电路的截止频率（f_c = 198 GHz）。再次，为了最大限度地减少匹配电路的损耗，选定该匹配电路的纹波系数为 0.5 dB。然后，根据五阶切比雪夫低通滤波器的第三阶原型值 g_3=2.5408 和式（3.33）计算得出该匹配电路的中心电感为 0.10 nH。根据该电感，选择跨距为 0.25 mm，拱高为 0.1 mm，半径为 0.0125 mm，线间距为 0.14 mm 的键合线用于该电路的匹配。最后，经过 3.1 节和 3.3 节相关公式的计算得到该电路的自感 L_1 和 L_2 为 0.16 nH，互感 L_M 为 0.03 nH，寄生电阻 R_1 和 R_2 为 0.22 Ω，寄生电容 C_1 和 C_2 为 6.8 fF。

（2）计算匹配电路的传输线尺寸。

根据第 2 章的 4 层 LCP 电路板结构和式（3.37）计算出 W 波段 50 Ω 的 CPWG 传输线的中心导体的宽度（W = 0.11 mm），以及中心导体与同平面接地面的间隙（G = 0.075 mm）。其中，加载 DGS 部分的顶层 CPWG 传输线（高阻抗）的导体宽度 W 和间隙 G 均与 50 Ω 的 CPWG 传输线保持一致。考虑到面积的影响，低阻抗 CPWG 传输线的中心导体宽度 W_C = 0.3 mm，间隙 G_C = 0.075 mm。传输线的宽度确定以后，可根据式（3.37）计算出相应的阻抗。其中，高阻抗 CPWG 传输线所对应的阻抗为 63 Ω，相应的波导波长为 1.9 mm，低阻抗 CPWG 传输线对应的阻抗为 24 Ω，相应的波导波长为 1.7 mm。根据式（3.35）和式（3.36）计算出高阻抗 CPWG 传输线对应的 DGS 长度 l_L 为 0.4 mm，低阻抗 CPWG 传输线所对应的结构长度 l_C 为 0.15 mm。

（3）原理图仿真。

根据计算的结构参数，在 ADS 软件中搭建电路原理图，如图 3.56 所示，运行仿真得到图 3.57 所示的仿真结果。

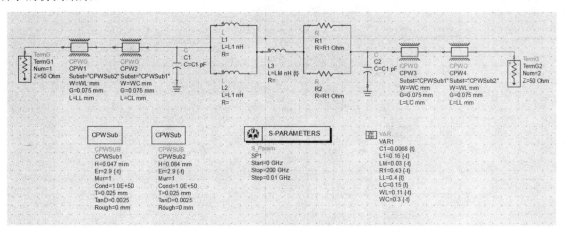

图 3.56　基于 CPWG 的双线键合匹配电路原理图

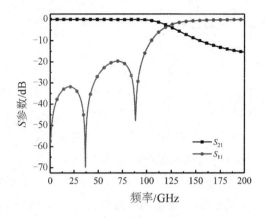

图 3.57　基于 CPWG 的双线键合匹配电路的仿真结果

从图 3.57 的仿真结果可以看出，该电路呈现明显的五阶切比雪夫低通特性，并且在 DC 频率范围内 S_{21}>-0.109 dB，S_{11}<-20 dB，具有良好的传输特性。但是在 95～110 GHz 频率范围内损耗明显增大（S_{11} 从 95 GHz 处的-20 dB 增大到 110 GHz 处的-6.9 dB，S_{21} 从-0.109 dB 减小到-1.06 dB），因此，为了降低 95～110GHz 处的损耗，需要对键合线匹配电路进行优化。根据 3.4 节关于 C_{low} 的分析，在 ADS 软件中设置等效电容所对应的低阻抗 CPWG 传输线的长度 l_C，并使 l_C 从 0.075 mm 逐渐增大到 0.175 mm，得到该匹配电路的 S_{11} 在 W 波段内的变化情况，如图 3.58 所示。可以看到，在 75～110 GHz 频率范围内，该键合线匹配电路的 S_{11} 随着 l_C 的增大逐渐变差。而当 l_C=0.075 mm 时，在 W 波段内的 S_{11}<-21 dB，该匹配电路获得较好的信号传输特性。考虑到射频芯片焊盘的长和宽一般不小于 0.08 mm，而 l_C=0.075 mm 的尺寸参数不适合直接进行应用，为此需要在 l_C=0.075 mm 的基础上对其进行微调。选择 l_C=0.08 mm 再次进行仿真，得到图 3.59 所示的传输特性，可以看到，在整个 W 波段内，S_{11} 均小于-20 dB，S_{21} 均大于-0.05 dB，表明此时的键合线匹配电路具有良好的信号传输特性。

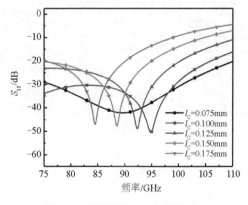

图 3.58　l_C 的变化对 S_{11} 的影响

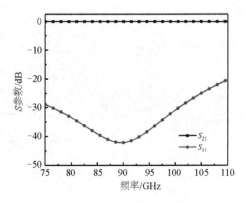

图 3.59　l_C 为 0.08 mm 时的传输特性

（4）版图仿真。

为了进一步验证该结构的仿真传输特性，本课题使用 HFSS 软件对该结构的版图进行仿真。图 3.60 展示了 l_C=0.08 mm、W_C=0.3 mm、l_L=0.4 mm、W_L=0.11 mm 时该电路在 W 波段内的 S 参数性能曲线。

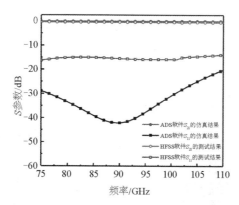

图 3.60　ADS 软件与 HFSS 软件的仿真结果和测试结果对比

可以看到，在整个 W 波段内 S_{21}>-0.56 dB，S_{11}<-14.04 dB。相比于 ADS 软件的仿真结果，S_{21} 恶化了 0.5 dB，S_{11} 至少恶化了 6 dB。而导致这种差异的主要原因与 3.4.2 节所述相同，仍是因为 ADS 软件与 HFSS 软件仿真采用的介质不完全相同。

为了使键合线匹配结构具有更优异的 S 参数性能，本课题在 HFSS 软件中对该键合线匹配结构做了一些优化。其中，低阻抗 CPWG 传输线的长度 l_C 保持在最小值 0.08 mm，因此可优化的参数只剩下了高阻抗 CPWG 传输线的长度 l_L。在 HFSS 软件中设置变量 l_L，并使 l_L 从 0.2 mm 逐渐增大到 0.4 mm，得到该匹配电路的 S_{11} 在 W 波段内的变化情况，如图 3.61 所示。可以看到，当 l_L=0.25 mm 时，在整个 W 波段内，该键合线匹配电路的 S_{11} 均小于-21 dB，而当 l_L 为其他值时，则没有这样的性能表现。因此，本课题选择 l_L=0.25 mm 作为高阻抗 CPWG 传输线的长度。

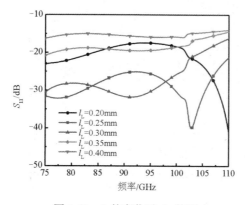

图 3.61　l_L 的变化对 S_{11} 的影响

3.5.1.3 键合线匹配电路的测试验证

为了表征基于 CPWG 的双线键合匹配电路，本课题与安捷利（番禺）电子实业有限公司进行了合作，对 HFSS 软件优化后的键合线匹配电路进行了加工，委托西安西岳电子技术有限公司对该结构进行了金线键合。最终该键合线匹配电路的实物图如图 3.62 所示。使用安捷伦公司 N5247A_PAN_X 型号的矢量网络分析仪和深圳展芯科技 PRCBE 系列的探针台对实物进行了测试，得到的测试结果与 HFSS 软件仿真结果的对比如图 3.63 所示。

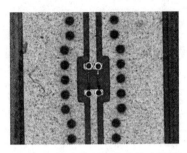

图 3.62　键合线匹配电路的实物图

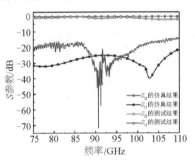

图 3.63　键合线匹配电路的测试结果与 HFSS 软件仿真结果的对比

测试结果显示，该匹配电路在 W 波段内的 S_{21} 位于-1.0 dB 左右，最大损耗为-2.01 dB，出现在频率 110 GHz 处，最小损耗为 0.5 dB，出现在频率 86.5 GHz 处，与仿真结果相差不大。S_{11} 在 W 波段内处于-19 dB 左右，最大损耗为-14.84 dB，出现在频率 110 GHz 处，符合工程应用要求，仅仅是 S_{11} 的仿真结果与测试结果之间相差了大约 8 dB。分析原因，该误差主要由手工键合误差和测试的系统误差共同引起，这是因为本次实验同样设置了 50 Ω 的 CPWG 传输线对照组。图 3.64 所示为 CPWG 传输线的 HFSS 软件仿真结果与测试结果对比，其中 CPWG 的中心导体宽度为 0.11 mm，中心导体距接地面的高度为 0.075 mm，长度为 4 mm。在正常情况下，该传输线结构的仿真结果应该与测试结果相差不大，然而图 3.64 的结果表明，50 Ω 的 CPWG 传输线的仿真结果与测试结果之间仍有大约 10 dB 的偏差。

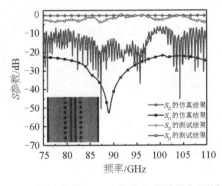

图 3.64　CPWG 传输线的 HFSS 软件仿真结果与测试结果对比

综上所述，当电路板层数达到 4 及以上时，可以使用 DGS 方法优化 W 波段射频键合线的传输特性。当 50 Ω 的传输线宽度达到工艺极限时，将无法通过缩小线宽的方式提高传输线的阻抗，这时可以利用该措施解决键合线的匹配问题。并且使用这种匹配方法可能更加便捷，这是因为在射频电路板设计中，射频线一般都走在 PCB 的顶层，但顶层还会有其他器件和信号线，这就加大了顶层布线工作人员的压力，而采用这种匹配方法，在顶层占用的匹配面积只相当于微带线匹配的 1/4，这在一定程度上给开发人员和项目带来了优势。

3.5.2　基于 CPWG 的单线键合匹配电路

虽然双线键合能够降低键合线的电感效应，增强键合线的信号传输特性，但相比于单线键合，双线键合不仅增加了一倍的键合时间和金线原料成本，还使得键合的工艺难度进一步提升。这是因为并联键合线的间距不能太小，否则会造成键合机的劈刀挤压附近已经键合好的键合线，从而导致键合线变形甚至断裂，极大影响键合效果与系统稳定性。而如果间距太大又会占用较大的焊盘和匹配面积，不利于系统的高度集成。

3.5.2.1　键合线匹配结构与等效电路

使用单线键合可以很好地解决上述问题，但是单线键合的传输特性一般极差，如图 3.52 所示，这样的传输特性极易造成信号的淹没。为了解决上述问题，本节设计了基于 CPWG 的单线键合匹配电路，其三维结构示意图如图 3.65 所示。与 3.5.1 节的匹配原理相同，该匹配电路也采用了DGS，不同的是在该结构中，高阻抗使用了 2 层 DGS。这是因为相同尺寸的单根键合线，其等效寄生电感更大，结合五阶切比雪夫低通滤波器的设计理论，此时需要一个更大的传输线阻抗进行匹配。而 2 层 DGS 的使用可以在不减小顶层传输线宽度的情况下，进一步增大传输线的阻抗，使之达到匹配。图 3.66 所示为该结构的等效电路，其中 L_h 仍表示加载 DGS 的 CPWG 传输线的等效电感，但是与双线键合不同，单线键合匹配等效电路没有了互感的影响，下面介绍该匹配电路的设计过程。

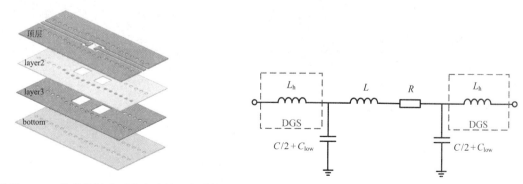

图 3.65　基于 CPWG 的单线键合匹配电路的三维结构示意图　　图 3.66　基于 CPWG 的单线键合匹配等效电路

3.5.2.2 键合线匹配电路的设计过程

（1）计算键合线的寄生参数。

因为该匹配电路的工作频率范围与 3.5.1 节相同，所以图 3.66 的中心电感 L 应为 0.1 nH，但是该电感所对应的单根键合线长度小于本课题工艺的最小范围（基于本课题的 LCP 工艺和引线键合工艺，在匹配电路的设计过程中，芯片焊盘要与片外匹配电路之间保留 0.2 mm 的安全装配间距，在此基础上，还要保留一定的空间用于引线的焊点连接）。因此，折中考虑本节仍采用跨距为 0.25 mm，拱高为 0.1 mm，半径为 0.0125 mm 的单根键合线，用于该电路的匹配设计，进而得到键合线等效电路中的各集总参数：$L=0.16$ nH，$R=0.43$ Ω，$C=6.8$ fF。

（2）计算匹配电路的传输线尺寸。

由于没有了双线键合的间距影响，因此，在 3.5.1 节的基础上，低阻抗 CPWG 传输线的中心导体宽度 W_C 可以进一步缩减至 0.24 mm，而 DGS 宽度也与 W_C 保持一致。各部分的宽度确定以后，可根据式（3.37）计算出相应的阻抗。其中，高阻抗 CPWG 传输线由于增加了 1 层 DGS，因此其阻抗增大为 70 Ω，相应的波导波长为 2 mm，低阻抗 CPWG 传输线由于尺寸的减小，对应阻抗增大为 29 Ω，相应的波导波长为 1.8 mm。之后根据式（3.35）和式（3.36）计算出高阻抗 CPWG 传输线对应的 DGS 长度 l_L 为 0.38 mm，低阻抗 CPWG 传输线对应的结构长度 l_C 为 0.2 mm。

（3）原理图仿真。

根据计算的参数，在 ADS 软件中搭建原理图，如图 3.67 所示，运行仿真得到图 3.68 所示的仿真结果。

虽然键合线的折中导致该匹配电路不具有完整的五阶切比雪夫低通特性，但是图 3.68 的仿真结果显示，该匹配电路在 DC～89 GHz 频率范围内 $S_{21}>$-0.5 dB，$S_{11}<$-10.5 dB，仍有较好的传输特性，只是在 89～110 GHz 频率范围内损耗开始增大，性能逐渐下降（S_{11} 从 89 GHz 处的-10.5 dB 增大到 110 GHz 处的-2.0 dB，S_{21} 从-0.5 dB 减小到-4.4 dB）。因此，为了使整个 W 波段具有良好的传输特性，需要对该匹配电路进行优化。

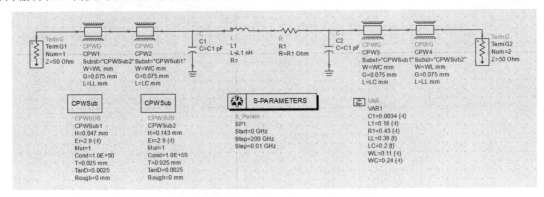

图 3.67　基于 CPWG 的单线键合匹配电路原理图

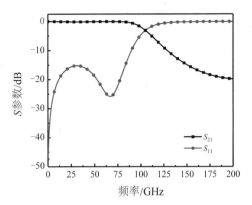

图 3.68　基于 CPWG 的单线键合匹配电路的 ADS 软件仿真结果

根据 3.4 节关于 C_{low} 的分析，在 ADS 软件中设置等效电容所对应的低阻抗 CPWG 传输线的长度 l_C，并使 l_C 从 0.075 mm 逐渐增大到 0.2 mm，得到该匹配电路的 S_{11} 在 W 波段内的变化情况，如图 3.69 所示。可以看到，在 75～110 GHz 频率范围内，S_{11} 随着 l_C 的增大逐渐变差。而当 l_C=0.1 mm 时，在 W 波段内的 S_{11}<-12.04 dB，整体性能相比未优化之前有较大提升，满足工程应用要求。

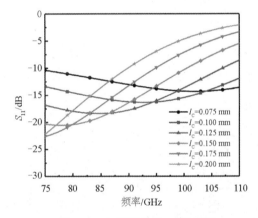

图 3.69　l_C 的变化对 S_{11} 的影响

（4）版图仿真。

为了进一步验证该结构的仿真传输特性，本课题使用 HFSS 软件对该结构的版图进行仿真。图 3.70 展示了 l_C=0.1 mm、W_C=0.24 mm、l_L=0.38 mm、W_L=0.11 mm 时该电路在 W 波段内在 ADS 软件和 HFSS 软件上的传输特性。可以看到，在整个 W 波段内，HFSS 软件仿真的 S_{21}>-1.13 dB，S_{11}<-8.54 dB，而在 ADS 软件仿真中，S_{21}>-0.37 dB，S_{11}<-12.04 dB。相比 ADS 软件的仿真结果，S_{21} 恶化了 0.8 dB 左右，S_{11} 恶化了 4 dB 左右。经过分析，这种现象仍是 ADS 软件与 HFSS 软件仿真的介质差异造成的。因此，为了使该匹配电路的 S_{11} 在整个 W 波段内小于-10 dB，需要在 HFSS 软件中对该电路进行优化。

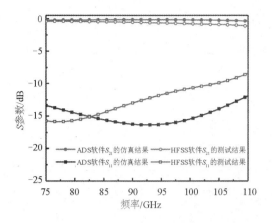

图 3.70　ADS 软件与 HFSS 软件的仿真结果和测试结果对比

在本节设计的键合线匹配电路中，DGS 宽度为 DW=0.24 mm，尺寸较小，这可能使顶层的中心导体受到 layer2 地和 layer3 地的影响，为此，使用 HFSS 软件查看顶层导体的电场和磁场矢量分布，如图 3.71 和图 3.72 所示。可以看到，中心导体的电场和磁场在接触 layer2 和 layer3 的 DGS 边界时被吸收[24]，在这种情况下，实际的介质层厚度已经不是仿真的 0.143 mm，而是要小于这个数值。因此，考虑增大 DW 来提高匹配电路的传输特性。值得注意的是，layer3 距离顶层的中心导体更远，因此，在匹配电路工作时，其顶层中心导体的电磁场辐射更容易覆盖 layer3，而 layer3 的 DGS 如果与 layer2 的 DGS 保持相同的尺寸，那么容易受到电磁干扰带来的影响，所以 layer3 的 DW 要设置得比 layer2 稍大一些。

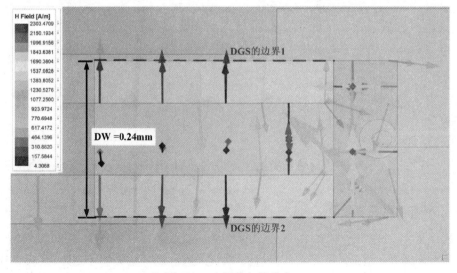

图 3.71　电场的矢量分布

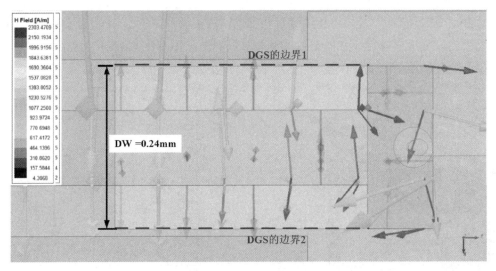

图 3.72　磁场的矢量分布

综上，我们增大 layer3 的 DW，使得 layer3 的 DW 为 DW+0.1 mm。在这种设置下，layer3 的 DW 比 layer2 增加了 4 倍 LCP 厚度（LCP 厚度为 0.025 mm），这样可以最大限度地保证在 layer2 的 DGS 不影响总介质层厚度 h 的情况下，layer3 的 DGS 不会被影响。因此，在 HFSS 软件中设置仿真参数 DW，并使 DW 从 0.2 mm 增大到 0.4 mm，仿真得到该匹配电路的 S_{11} 随 DW 的变化情况，如图 3.73 所示。可以看到，当 DW=0.4 mm 时，在整个 W 波段内，键合线匹配电路可以获得比较均衡的 S_{11}，且在整个频率范围内 S_{11} 均小于-18.52 dB，具有良好的信号传输特性。

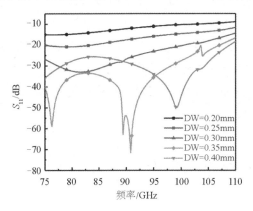

图 3.73　DW 的变化对 S_{11} 的影响

3.5.2.3　键合线匹配电路的测试验证

为了表征基于 CPWG 的单线键合匹配电路，本课题与安捷利（番禺）电子实业有限公司进行了合作，对 HFSS 软件优化后的键合线匹配电路进行了加工，委托西安西岳电子技术有限公司对该结构进行了金线键合，最终该单线键合匹配电路的实物图如图 3.74 所示。使用安捷伦公司 N5247A_PAN_X 型号的矢量网络分析仪和深圳展芯科技 PRCBE 系列的探针台对实物进行了测试，并将得到的测试结果与 HFSS 软件的仿真结果进行对比，如图 3.75 所示。

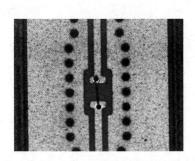

图 3.74　基于 CPWG 的单线键合匹配电路的实物图　　图 3.75　单线键合匹配电路的测试结果与仿真结果对比

测试结果显示，该匹配电路在 W 波段内的 S_{21} 位于-1.5 dB 左右，最大损耗为-2.08 dB，出现在频率 110 GHz 处，最小损耗为 0.53 dB，出现在频率 86.5 GHz 处，而仿真结果的 $S_{21}<$-0.48 dB，整体差距不大。测试的 S_{11} 在 W 波段内位于-16 dB 左右，最大损耗为-10.97 dB，出现在频率 110 GHz 处，最小损耗为-22.6 dB，出现在频率 91.6 GHz 处，满足工程应用要求。只是 S_{11} 的测试结果与仿真结果之间相差了大约 10 dB，经过与 3.5.1.3 节的仿真结果对比，该误差仍由手工键合误差与测试的系统误差引起。

综上所述，当电路板层数达到 4 及以上时，可以使用双层 DGS 的匹配方法构建 W 波段单线键合匹配电路，以提升单根键合线的传输特性。与单层 DGS 的双线键合匹配相比，该电路使得顶层电路的匹配面积进一步缩小，并且在实际生产中，使用单线键合这种匹配方法在键合时间和金线成本上都拥有巨大优势。

3.6　基于 LCP 基板的键合线匹配电路的设计流程

本节经过多次实验，总结了基于 LCP 基板设计键合线匹配电路的一般流程，如图 3.76 所示。其中"分析匹配电路的设计指标"主要包括待匹配电路的工作频率和损耗要求；而"选择适当的匹配方法并建立等效电路"是根据设计指标和阶跃阻抗滤波器的特性选择合适的匹配阶数，阶数越多，通带的截止频率越高，但需要注意的是，随着阶数的增加，导致通带内的损耗在一定程度上增大。另外，本课题设计的匹配电路不局限于 4 层 LCP 电路板，对于多层的键合线匹配电路设计，仍可以延用本节的设计方法，其中，DGS 的层数也可以根据设计需要进行叠加。

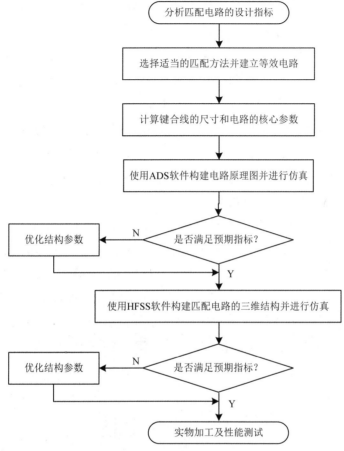

图 3.76　基于 LCP 基板设计键合线匹配电路的一般流程

3.7　本章总结

本章针对 LCP 集成毫米波射频前端系统中的键合线电路进行了相关研究与设计，主要包括不同引线键合技术的分析、键合线集总参数等效电路模型构建，以及 Ka 波段和 W 波段的键合线匹配电路的设计。现将主要的研究工作总结如下。

（1）介绍了本课题 LCP 电路板的叠构和加工工艺，分析了键合线不同材料对电路系统的影响，探讨了不同键合工艺的特点与优势，为指导本课题键合线匹配电路的设计奠定了基础。

（2）对键合线的等效电路模型进行了研究，确定了单线键合等效电路与双线键合等效电路，为键合线匹配电路的设计提供了理论支撑。同时，为方便进行电路设计，本课题对键合线等效电路中的集总参数进行了解析建模，且使用这种解析模型进行辅助计算相比于单纯使用 3.3 节的公式，可以节省大量的电路设计时间。

（3）经过对微带线阻抗的分析，本章基于微带线设计了两款工作于 Ka 波段的键合线匹配电路。第一款为单线键合匹配，使用的是双层 LCP 电路板，该电路主要基于阶跃阻抗短传输线理论进行设计，具有五阶切比雪夫低通特性，测试的其 S_{21} 优于-0.82 dB，S_{11} 优于-11.66 dB，符合工程应用要求，且该电路具有设计简单、节省键合成本的优势。第二款为双线键合匹配，使用的是 4 层 LCP 电路板。测试结果显示该匹配电路的 S_{21} 优于-0.51 dB，S_{11} 优于-22.12 dB，具有良好的射频传输特性，并且由于其具有明显的三阶巴特沃斯低通特性，该匹配电路的面积相比于第一款大幅缩小，因此更适合集成毫米波射频电路的应用。

（4）基于 4 层 LCP 电路板和 CPWG 传输线设计了两款工作于 W 波段的键合线匹配电路。第一款为双线键合匹配，测试的其 S_{21} 优于-2.01 dB，S_{11} 优于-14.84 dB，满足工程应用要求。在键合线匹配电路的设计中，该电路首次引入了 DGS 匹配方法，使得在 50 Ω 的传输线宽度达到工艺极限时，可以利用该措施解决键合线的匹配问题。第二款为单线键合匹配，该匹配电路同样使用了 DGS 匹配方法，不同的是，相比于双线键合匹配，单线键合匹配使用了 2 层 DGS。经过测试，该匹配电路的 S_{21} 优于-2.08 dB，S_{11} 优于-10.97 dB，满足工程应用要求。相比于双线键合匹配，单线键合匹配的顶层面积进一步缩小，同时在键合时间和金线成本上拥有巨大优势。

3.8　参考文献

[1] 任春岭，鲁凯，丁荣峥. 倒装焊技术及应用[J]. 电子与封装，2009，9（03）：15-20.

[2] 吕亚冰. 通孔刻蚀技术的应用[D]. 上海：复旦大学，2008.

[3] 张满. 微电子封装技术的发展现状[J]. 焊接技术，2009，38（11）：1-6.

[4] 孙千十. 集成电路封装中的引线键合技术探究[J]. 电子制作，2015（13）：97.

[5] 徐佳慧. 射频器件超细引线键合工艺及性能研究[D]. 哈尔滨：哈尔滨工业大学，2020.

[6] 孙瑞婷. 微组装技术中的金丝键合工艺研究[J]. 舰船电子对抗，2013，36（04）：116-120.

[7] 郑友益，高文斌. LED 封装用 Ag/Pd/Au 合金键合线的发展研究[J]. 机械工程师，2016（11）：55-57.

[8] 朱建国. 键合金丝的合金化研究动向[J]. 贵金属，2002（9）：5761.

[9] CHANG T H, WANG H C, TSAI C H, et al. Thermal stability of grain structure and material properties in an annealing twinned Ag-8Au-3Pd alloy wire[J]. Scripta Materialia, 2012, 67(6): 605-608.

[10] 丁雨田，曹军，许广济，等. 电子封装 Cu 键合线的研究及应用[J]. 铸造技术，2006（9）：971-974.

[11] HAN Z, WEI Y, HU Y, et al. High reliable wire bonding consistency control in MMCM[C]. 2017 18th International Conference on Electronic Packaging Technology (ICEPT), 2017.

[12] 杨中跃，张桂芝. 基于 Rogers 5880 复合介质基板的金丝楔焊键合工艺参数研究[J]. 雷达与对抗，2021；41（02）：52-56.

[13] 计红军. 超声楔形键合界面连接物理机理研究[D]. 哈尔滨：哈尔滨工业大学，2008.

[14] 葛元超. 集成电路键合工艺研究[D]. 上海：复旦大学，2013.

[15] ALIMENTI F, MEZZANOTTE P, ROSELLI L, et al. Modeling and characterization of the bonding-wire interconnection[J]. IEEE Transactions on Microwave Theory & Techniques, 2002, 49(1): 142-150.

[16] HASSAINE N, MEZUI-MINTSA R, BOUDIAF A, et al. Short links modelling in multi-level package[C]. European Solid State Device Research Conference. IEEE, 2010.

[17] HASSAINE N, CONCILIO F. Modeling and high frequency characterization of short links for high performance integrated circuits. Experimental validation and CAD formulas[C]. International Microwave & Optoelectronics Conference. IEEE, 2003.

[18] WANG Z R, GAO J C, FLOWERS G T, et al. Investigation of impedance compensation in radio frequency circuits with bonding wire[J]. RF and Microwave Computed-Aided Engineering, 2022: 1-11.

[19] BAHL B, GARY R. A Designer's Guide to Stripline Circuits[J]. Microwaves, 1978: 90-96.

[20] RICHARDS P I. Resistor-Transmission-Line Circuits[J]. Proceedings of the IRE, 1948, 36(2):217-220.

[21] 蔡军，冯进军，胡银富，等. W 波段行波管及卫星通信系统应用前景[J]. 空间电子技术，2013，10（04）：6-9.

[22] WAEL A A, MACIEJ K, ARZU E, et al. Multimode W-Band and D-Band MIMO Scalable Radar Platform[J]. IEEE Transactions on Microwave Theory and Techniques, 2021, 69(1): 1036-1047.

[23] WADELL B C. Transmission Line Design Handbook[J]. Journal of Microwares, 1991: 79-80.

[24] 刘倩，艾丽娜. 静电屏蔽与电磁屏蔽[J]. 物理通报，2020（5）：3.

第 4 章　微带线-微带线槽线耦合过渡结构

随着人类科技的飞速发展，毫米波技术逐渐成为科学进步不可或缺的一部分，尤其是在集成电路中[1]。毫米波集成电路主要将工作在毫米波频段的无源、有源器件，以及传输线结构集成在一个基片上，从而使整个系统性能变好、体积变小、更加功能化。微波、毫米波集成电路经历了20世纪40年代的波导立体电路、50年代的平面混合集成电路、70年代的单片微波集成电路（MMIC）和多芯片组件（MCM）及21世纪的系统级集成技术[2]。在系统级集成模块中，功能模块的大规模集成通常需要在不同层上的多个无源和有源电路，以及单片微波集成电路之间进行许多垂直互连。在传统多层电路结构中，不同层传输线之间主要有过孔互连和槽线耦合两种互连传输形式。过孔互连结构以其小体积、结构紧凑而被广泛应用于多层电路结构。但是，随着电路使用频率的不断升高，器件尺寸不断缩小，在过孔互连信号的传输过程中，过孔之间存在的寄生效应导致信号传输特性较差，且过孔在制作过程中的工艺复杂成本过高。槽线耦合具有大带宽、容易制作、价格低等优势，得到了大量关注和研究。LCP以其高热稳定性、介电损耗小、频率范围广、强度高和易弯曲等特性[3]，成为毫米波通信系统的理想封装材料[4]。所以，采用多层LCP基板工艺，研究槽线耦合过渡结构有着非常重要的科研价值和应用意义。

4.1　微带线-微带线槽线耦合过渡结构的基本特性

4.1.1　微带线-微带线槽线耦合过渡结构的提出

随着时代与技术的不断进步，器件小型化慢慢成为主流。传统的单层集成电路已经不再适用，多层结构逐渐得到大量的研究，但如何在多层结构中使信号良好传输是一个难题。到目前为止，有过孔互连和无孔互连两种方式。无孔互连由于制作简单、成本低而被广泛使用。微带线-微带线槽线耦合过渡结构为无孔互连中应用最多的一类。图 4.1 所示为微带线-微带线槽线耦合过渡结构的种类[5]。

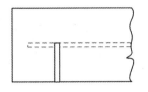
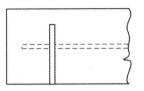
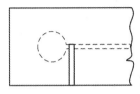
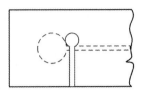

（a）微带终端短路，槽线　　（b）微带终端 λ/4 均匀加载，　　（c）微带终端短路，槽线　　（d）微带终端 λ/4 非均匀加载，
　　终端 λ/4 均匀加载　　　　　槽线终端 λ/4 均匀加载　　　　终端 λ/4 非均匀加载　　　　　槽线终端 λ/4 非均匀加载

图 4.1　微带线-微带线槽线耦合过渡结构的种类

4.1.2　微带线-微带线槽线多模谐振器的基本结构

为了进一步分析微带线-微带线槽线耦合过渡结构，基于图 4.1（b）所示的槽线耦合过渡结构，给出了微带线-微带线槽线多模谐振器的整体结构模型，如图 4.2 所示。从图中可以得到，微带线-微带线槽线多模谐振器主要包括过渡和槽线两部分。为了能够更加清楚地显示微带线-微带线槽线多模谐振器，图 4.3 给出了传统槽线多模过渡结构的三维结构示意图。

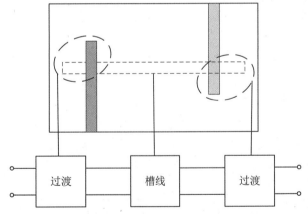
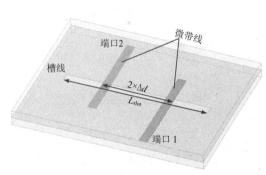

图 4.2　微带线-微带线槽线多模谐振器的整体结构模型　　图 4.3　传统槽线多模过渡结构的三维结构示意图

4.1.3　微带线-微带线槽线多模谐振器的工作原理

为了详细分析槽线多模谐振器的工作原理，基于图 4.3 给出了微带线-微带线槽线耦合过渡结构的俯视图和电压分布，如图 4.4 所示。总的来说，槽线可以作为谐振器，通过激发多个谐振模

式并把所激发的模式适当地叠加从而实现宽带特性。接下来进行详细的分析，如图 4.4（a）所示，顶层和底层分别放置了与接地面槽线相互正交的微带线，且微带线之间有一定的偏移，用 $2 \times \Delta d$ 表示；微带线伸出槽线的长度用 ΔL 表示。

在槽线耦合过渡结构进行信号传输的过程中，当 ΔL 较短时，顶层和底层微带线与槽线耦合强度较弱，产生较窄的通带，这时称为弱耦合激励。基于弱耦合激励，分析了槽线多模谐振器的产生机制，图 4.4（b）给出了前三个谐振模式的电压分布。结合图 4.4 可以得到，当顶层和底层微带线偏移距离 $\Delta d=0$ 时，第一个谐振模式被激发。当 $\Delta d \approx L_{slot}/6$ 时，前两个谐振模式被激发。而第三个谐振模式没有被激发，主要是因为沿槽线多模谐振器的电场在馈电位置为零。依次类推，当 $\Delta d \approx L_{slot}/4$ 时，槽线的前三个谐振模式被激发，而第四个谐振模式没有被激发。

当延伸出槽线的长度约为中心频率处的 1/4 波导波长，即 $\lambda/4$ 时，耦合强度的峰值在中心频率附近[6]，且耦合强度存在频率色散特性[7,8]。参照多模宽带理论[9-14]，我们可以推测，当耦合强度足够大时，得到的过渡结构的频率响应，除了由谐振模式带来的传输极点，还有两个由分布式强耦合结构引入的传输极点，最终实现宽带响应[15]。

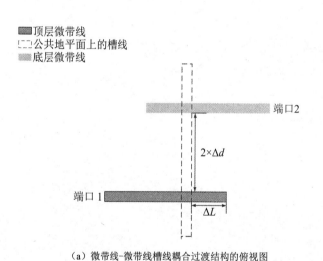

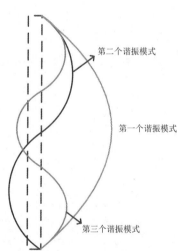

（a）微带线–微带线槽线耦合过渡结构的俯视图　　　　　（b）槽线前三个谐振模式的电压分布

图 4.4　多模宽带过渡结构

4.1.4　微带线–微带线槽线耦合过渡结构等效电路模型分析

随着槽线逐渐得到人们重视，大量科研人员针对微带线-微带线槽线耦合过渡结构进行了详细的研究与分析[16]，等效电路模型的创建与分析作为其关键部分得到了越来越多人的重视。为了系统地分析微带线-微带线槽线耦合过渡结构的等效电路模型，图 4.5 给出了该过渡结构的等效电路演变图。其中，图 4.5（a）为 1/4 波长枝节线均匀加载的槽线耦合过渡结构，深色区域表示上层微带线，虚线区域表示槽线。为了简化图 4.5（a）的过渡结构，对其各部分都进行了等效，图 4.5（b）给出了其初始等效电路。从图 4.5（a）、（b）中可得，$\lambda_m/4$ 通过并联 1 个电抗 X_{os}、2 个阻抗 Z_{os} 来表示，$\lambda_s/4$ 通过串联 1 个电抗 C_{oc}、2 个阻抗 Z_{om} 来表示，$\lambda_m/4$ 和 $\lambda_s/4$ 之间的耦合强度用变压器表示，且电压比取 $1:n$。

在图 4.5（b）中，Source 对应图 4.5（a）中的输入端口；Z_{om} 表示从源到过渡结构处部分微带线特性阻抗；Z_{os} 表示槽线特性阻抗；θ_m 和 θ_s 则表示垂直延伸超出波导波长部分的微带线和槽线的电长度；C_{oc} 表示微带终端开路处的耦合电容，X_{os} 表示槽线终端短路处的耦合电感[17]。

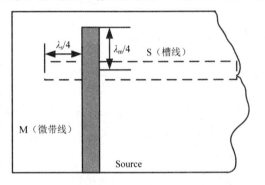
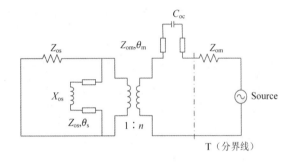

（a）1/4 波长枝节线均匀加载的槽线耦合过渡结构　　　　　（b）初始等效电路

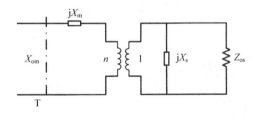
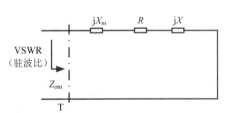

（c）简化的等效电路　　　　　　　　　　（d）最终简化的等效电路

图 4.5　微带线–微带线槽线耦合过渡结构的等效电路演变图

1/4 波长槽线的电抗表达式和枝节线的电抗表达式为

$$jX_s = Z_{os}\frac{jX_{os} + jZ_{os}\tan\theta_s}{Z_{os} - X_{os}\tan\theta_s} \tag{4.1}$$

$$jX_m = Z_{om}\frac{1/j\omega C_{oc} + jZ_{om}\tan\theta_m}{Z_{om} + \tan\theta_m/\omega C_{oc}} \tag{4.2}$$

图 4.5（d）为图 4.5（c）的最终简化电路，其中

$$R = n^2\frac{Z_{os}X_s^2}{Z_{os}^2 + X_s^2} \tag{4.3}$$

$$X = n^2 \frac{Z_{os}^2 X_s}{Z_{os}^2 + X_s^2} \qquad (4.4)$$

最后求得反射系数 Γ 的表达式为

$$\Gamma = \frac{R - Z_{om} + j(X_m + X)}{R + Z_{om} + j(X_m + X)} \qquad (4.5)$$

4.2 T 型枝节线槽线耦合过渡结构

4.2.1 T 型枝节线槽线耦合过渡结构等效电路分析

图 4.6 给出了 T 型枝节线槽线耦合过渡结构的三维结构示意图。在 3 层 LCP 基板中，顶层采用 $50\,\Omega$ T 型枝节线作为槽线耦合过渡结构的输入端口（端口 1）/输出端口（端口 2），双平行槽线设计在接地面，第 3 层为双 T 型枝节线背对背构成的"工"字微带传输线。毫米波信号经过端口 1，通过接地面的双平行槽线结构，耦合到第 3 层的"工"字微带传输线，由平行槽线耦合到端口 2。在多层 LCP 电路结构中，基板厚度为 0.025 mm，相对介电常数为 2.9，损耗角正切值为 0.0025。

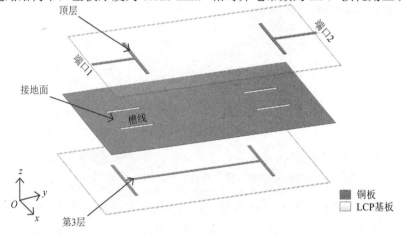

图 4.6　T 型枝节线槽线耦合过渡结构的三维结构示意图

为进一步分析所设计槽线过渡结构的工作原理，图 4.7 给出了 T 型枝节线槽线耦合过渡结构的最初等效电路模型及简化后的等效电路模型。在图 4.7（a）中，初始等效电路模型由 4 个串联微带线开路枝节、4 个并联的槽线短路枝节、2 个 $50\ \Omega$ 输入端口/输出端口和 1 个分流连接微带段构成。

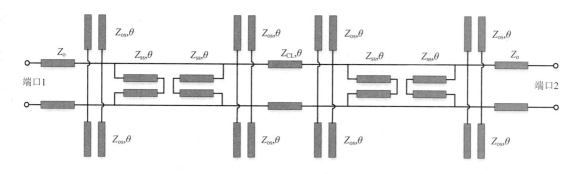

（a）最初等效电路模型

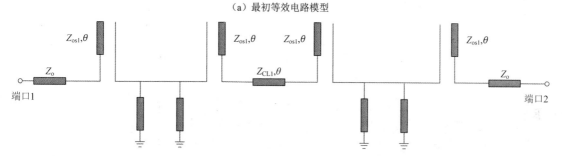

（b）简化后的等效电路模型

图 4.7　T 型枝节线槽线耦合过渡结构的最初等效电路模型及简化后的等效电路模型

对于简化后的等效电路模型，有

$$jX_m = -jZ_{os}\cot\theta_{os} \tag{4.6}$$

$$jX_1 = Z_{ss}j\tan\theta_{ss} \tag{4.7}$$

即

$$X_m = -Z_{os}\cot\theta_{os} \tag{4.8}$$

$$X_1 = Z_{ss}\tan\theta_{ss} \tag{4.9}$$

所提出的等效电路模型可以认为是多个二端口网络的级联，所级联的二端口网络的 **ABCD** 矩阵分别表示如下：

$$\boldsymbol{A}_{os} = \begin{bmatrix} 1 & jX_m \\ 0 & 1 \end{bmatrix} \tag{4.10}$$

$$\boldsymbol{A}_{ss} = \begin{bmatrix} 1 & 0 \\ 1/jX_1 & 1 \end{bmatrix} \tag{4.11}$$

$$\boldsymbol{A}_{CL} = \begin{bmatrix} \cos\theta_{CL} & jZ_{CL}\sin\theta_{CL} \\ j1/Z_{CL}\sin\theta_{CL} & \cos\theta_{CL} \end{bmatrix} \tag{4.12}$$

$$\begin{bmatrix} A & B \\ C & D \end{bmatrix} = A_{os} A_{ss} A_{ss} A_{os} A_{CL} A_{os} A_{ss} A_{ss} A_{os}$$

$$= \begin{bmatrix} 1 & jX_m \\ 0 & 1 \end{bmatrix} \begin{bmatrix} 1 & 0 \\ jX_1 & 1 \end{bmatrix} \begin{bmatrix} 1 & 0 \\ jX_1 & 1 \end{bmatrix} \begin{bmatrix} 1 & jX_m \\ 0 & 1 \end{bmatrix}$$

$$\begin{bmatrix} 1 & jX_m \\ 0 & 1 \end{bmatrix} \begin{bmatrix} 1 & 0 \\ jX_1 & 1 \end{bmatrix} \begin{bmatrix} 1 & 0 \\ jX_1 & 1 \end{bmatrix} \begin{bmatrix} 1 & jX_m \\ 0 & 1 \end{bmatrix}$$

$$\tag{4.13}$$

由式（4.13）可得

$$A = D = \frac{8\cos(\theta_{CL})X_m^2 - 4\sin(\theta_{CL})X_m^3}{X_1^2 Z_{CL}} - \frac{8\cos(\theta_{CL})X_m + 2\sin(\theta_{CL})Z_{CL}}{X_1} +$$

$$\frac{6\sin(\theta_{CL})X_m^2}{X_1 Z_{CL}} - \frac{2\sin(\theta_{CL})X_m}{Z_{CL}} + \frac{4\sin(\theta_{CL})X_m Z_{CL}}{X_1^2} + \cos(\theta_{CL}) \tag{4.14}$$

$$B = -\frac{j4\sin(\theta_{CL})X_m^4}{X_1^2 Z_{CL}} - \frac{j8\sin(\theta_{CL})X_m^3}{X_1 Z_{CL}} + \frac{j8\cos(\theta_{CL})X_m^3}{X_1^2} - \frac{j4\sin(\theta_{CL})X_m^2}{Z_{CL}} +$$

$$\frac{j12\cos(\theta_{CL})X_m^2}{X_1} + \frac{j4\sin(\theta_{CL})X_m^2 Z_{CL}}{X_1^2} + \frac{j4\sin(\theta_{CL})X_m Z_{CL}}{X_1} + j4\cos(\theta_{CL}) \tag{4.15}$$

$$C = \frac{j4\sin(\theta_{CL})X_m^2}{X_1^2 Z_{CL}} + \frac{j4\sin(\theta_{CL})X_m}{X_1 Z_{CL}} - \frac{j8\cos(\theta_{CL})X_m}{X_1^2} + \frac{j\sin(\theta_{CL})}{Z_{CL}} -$$

$$\frac{j4\cos(\theta_{CL})}{X_1} - \frac{j4\sin(\theta_{CL})Z_{CL}}{X_1^2} \tag{4.16}$$

基于上述 **ABCD** 矩阵便可以得到该过渡结构的 S 参数。而且，该过渡结构可以看作一个无损耗的、互易的、无源的二端口对称网络，其 S 参数可以表示为

$$S_{21} = S_{12} = \frac{2}{2A + B/Z_0 + CZ_0} \tag{4.17}$$

$$S_{11} = S_{22} = \frac{B/Z_0 - CZ_0}{2A + BZ_0 + CZ_0} \tag{4.18}$$

显而易见，通过适当地调节 **ABCD** 矩阵的值，便可以得到所需的 S 参数。该过渡结构的传输特性可以通过 S_{12} 和 S_{21} 求得，通过调节 S_{11} 和 S_{22} 便可以得到所需的阻抗匹配。

4.2.2　均匀双槽线耦合过渡结构的设计

图 4.8 展示了传统均匀双槽线耦合过渡结构的三维结构示意图，从图中可以得到，接地面刻蚀的均匀双槽线、顶层微带线及第 3 层微带线关于对称面（A-A'）对称，且均匀双槽线分别与顶层微带线、第 3 层微带线相互正交。基于槽线多模理论，通过调节顶层和第 3 层微带线的位置和

长度激发多个谐振模式，并把所激发的模式适当地叠加，从而实现宽带特性。在本书中，当顶层和第 3 层背对背微带线处于槽线中心位置且关于对称面（A-A'）对称时，只有一个谐振模式被激发；同时，在工作频率下，当微带线延伸出槽线的长度约为 1/4 波导波长时，达到最大的耦合强度，最终实现宽带特性。

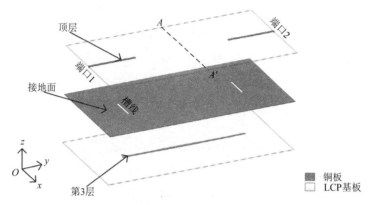

图 4.8 传统均匀双槽线耦合过渡结构的三维结构示意图

所设计的均匀双槽线耦合过渡结构的中心频率为 95 GHz，通过 TXLINE 软件可以得到端口 1 和端口 2 需要的微带线线宽为 0.11 mm。为了得到满足要求的传输特性，详细分析了槽线长度 L_1、槽线宽度 W_1、顶层和第 3 层微带线伸出槽线的长度 L_2、第 3 层微带线线宽 W_3、线长 L_3 这 5 个参数对槽线耦合过渡结构传输特性的影响。图 4.9 所示为均匀双槽线耦合过渡结构的俯视图，图中标出了所分析的对应参数。根据槽线多模理论，可以初步确定该过渡结构的大致尺寸。

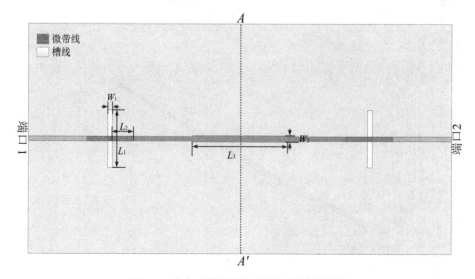

图 4.9 均匀双槽线耦合过渡结构的俯视图

（1）L_2 对均匀双槽线耦合过渡结构 S_{11} 的影响。

图 4.10 给出了 L_2 对均匀双槽线耦合过渡结构 S_{11} 的影响。从图中可以看出，当 L_2 为 0.1 mm 时，S_{11} 几乎为 0，这表明均匀双槽线耦合过渡结构中输入信号从顶层微带线流进，几乎全反射。为了验证信号是否传输，给出了图 4.11 所示的顶层和第 3 层微带线的电场分布，从图中可以明显看到，电场只在顶层微带线内传输，并没有传输到第 3 层微带线。当 L_2 从 0.1 mm 增大到 0.5 mm 时，均匀双槽线耦合过渡结构的传输特性逐渐变好，带宽逐渐增大，并且中心频率先向低频移动再向高频移动；当 L_2 逐渐增大时，均匀双槽线耦合过渡结构的反射系数逐渐变小，当 L_2 增大到 0.9 mm 时，信号几乎全反射。上述内容也验证了，在工作频率下，当微带线延伸出槽线的长度约为 1/4 波导波长（L_2 约为 0.5 mm）时，槽线耦合强度达到最大，从而实现良好的传输特性。

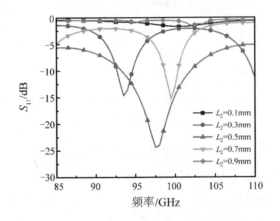

图 4.10 L_2 对均匀双槽线耦合过渡结构 S_{11} 的影响

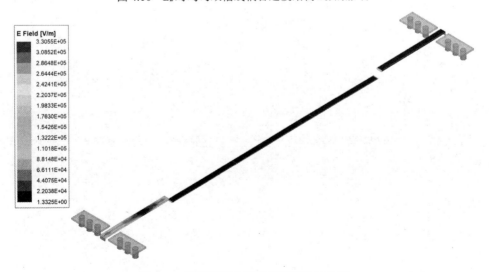

图 4.11 顶层和第 3 层微带线的电场分布

为了进一步分析该过渡结构中微带线延伸出槽线长度 L_2 对传输特性的影响，图 4.12 给出了 L_2 对谐振频率 f_1 和 S_{11} 的影响，从图 4.12（a）中可以清晰地看到，随着 L_2 逐渐增大，f_1 先向低频移动再向高频移动，当 L_2 为 0.3 mm 时，谐振频率达到最小。从图 4.12（b）中可以清晰地看到，当 L_2 从 0.1 mm 增大到 0.5 mm 时，S_{11} 不断减小，表明该过渡结构的 S_{11} 不断得到改善；当 L_2 大于 0.5 mm 时，S_{11} 开始恶化。因此，可以得到，当 L_2 为 0.5 mm 时，该过渡结构的 S_{11} 达到最优。

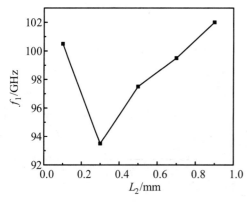 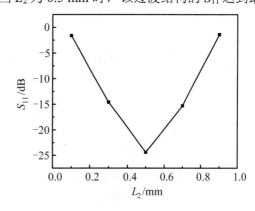

（a）L_2 对谐振频率的影响　　　　　　　　（b）L_2 对 S_{11} 的影响

图 4.12　L_2 对均匀双槽线耦合过渡结构传输特性的影响

（2）L_1 对均匀双槽线耦合过渡结构 S_{11} 的影响。

选定 L_2 后，分析 L_1 对该过渡结构 S_{11} 的影响。在图 4.13 中可以看到，当 L_1 从 0.6 mm 增大到 1.2 mm 时，该过渡结构的 S_{11} 逐渐得到改善，当 L_1 大于 1.2 mm 时，S_{11} 开始恶化。结合上述内容，当 L_1 为 1.2 mm 时，该过渡结构的传输特性最优。

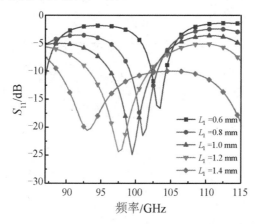

图 4.13　L_1 对均匀双槽线耦合过渡结构 S_{11} 的影响

为了进一步分析该过渡结构中 L_1 对传输特性的影响，图 4.14 给出了 L_1 对谐振频率 f_2 和 S_{11} 的影响。从图 4.14（a）中可以得到，随着 L_1 增大，谐振频率 f_2 向低频移动；当 L_1 为 1.4 mm 时，f_2=93 GHz，达到最小值。在图 4.14 （b）中，当 L_1 从 0.6 mm 增大到 1.0 mm 时，S_{11} 逐渐减小，说明该过渡结构的传输特性逐渐变差；当 L_1 超过 1.0 mm 时，传输特性开始变好。因此，可以得到，在工作频率下，当 L_1 约为 1/4 波导波长（L_1 约为 1.2 mm）时，该过渡结构的传输特性最优。

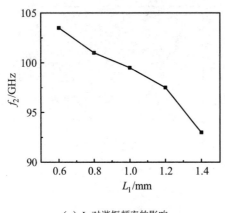
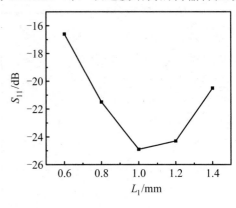

（a）L_1 对谐振频率的影响　　　　　　　　　（b）L_1 对 S_{11} 的影响

图 4.14　L_1 对均匀双槽线耦合过渡结构传输特性的影响

（3）L_3 对均匀双槽线耦合过渡结构 S_{11} 的影响。

对底层微带线延伸出槽线长度 L_2 和槽线长度 L_1 进行分析后，对第 3 层微带线长度 L_3 对传输特性的影响进行分析。在图 4.15 中可以看出，随着 L_3 不断增大，均匀双槽线耦合过渡结构的传输特性基本保持不变，且整体通带向低频移动。L_3 对均匀双槽线耦合过渡结构传输特性的影响为接下来分析测试结果向低频偏移提供了一定的依据。

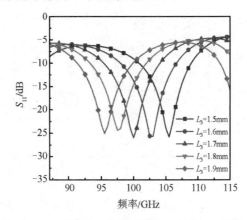

图 4.15　L_3 对均匀双槽线耦合过渡结构 S_{11} 的影响

（4）W_1 对均匀双槽线耦合过渡结构 S_{11} 的影响。

图 4.16 表示 W_1 对该过渡结构 S_{11} 的影响。从图中可以看出，随着 W_1 的增大，该过渡结构的传输特性基本保持不变，且谐振频率向高频略微偏移。整体上可以得到，槽线宽度 W_1 对该过渡结构的传输特性几乎没有影响。

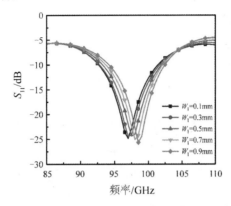

图 4.16 W_1 对均匀双槽线耦合过渡结构 S_{11} 的影响

（5）W_3 对均匀双槽线耦合过渡结构 S_{11} 的影响。

分析完均匀双槽线耦合过渡结构的前 4 个参数后，分析 W_3 对其 S_{11} 的影响。在图 4.17 中，随着 W_3 从 0.11 mm 增大到 0.15 mm，S_{11} 先从-24.4 dB 下降到-27.45 dB，再上升到-25.5 dB，说明 W_3 对该过渡结构的传输特性的影响并不是很大，只要在一定小范围内选取 W_3，便可以得到所需传输特性的过渡结构。

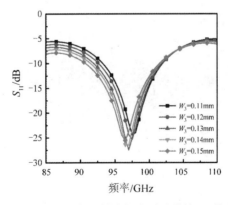

图 4.17 W_3 对均匀双槽线耦合过渡结构 S_{11} 的影响

综合以上分析，该过渡结构的最优参数为 L_2=0.5 mm，W_3=0.13 mm，L_3=1.8 mm，L_1=1.2 mm，W_1=0.11 mm。根据上述尺寸对其进行设计，其仿真结果如图 4.18 所示。该过渡结构在 93.24～101.98 GHz 频率范围内，S_{21} 位于-1.7 dB 左右，最小损耗/最大损耗为-1.43 dB/-1.96 dB，且通带内

的 S_{11} 优于 −10 dB。由于该过渡结构简单且带宽较窄，并不能满足本章的需求。因此，接下来本节研究的重点为过渡结构带宽的改善，而在第 3 章提到的槽线多模理论则是后续扩宽带宽的根本。

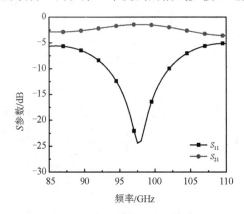

图 4.18　均匀双槽线耦合过渡结构的仿真结果

4.2.3　T 型枝节线槽线耦合过渡结构的设计

为了进一步改善上述提到的过渡结构的宽带，对其进行了改进，在接地面刻蚀了双平行槽线，且在顶层和第 3 层微带线上分两路加载了枝节线，改进后的三维结构示意图如图 4.19 所示。信号通过端口 1 输入，通过接地面的 H 型槽线进行耦合，耦合到第 3 层微带线，由槽线耦合到端口 2 输出。通过适当调节 T 型枝节线的长度便可以激发所需的槽线谐振模式，从而实现信号的良好传输。

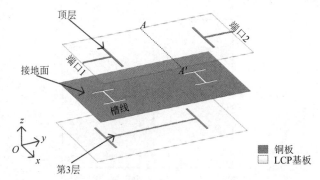

图 4.19　改进后的 T 型枝节线槽线耦合过渡结构的三维结构示意图

为了进一步理解槽线谐振器谐振模式的激发机制，图 4.20 展示了槽线谐振器前两个谐振模式的电压分布。由图 4.8 可知，当两个馈电点位于对称面（A-A'）上时，槽线谐振器的第一个谐振模式被激发。从图 4.20 中得知，当该过渡结构中顶层和第 3 层微带线分别位于槽线谐振器的中心位置时，槽线电压不为零。因此，槽线谐振器的第一个谐振模式被激发。然而，在第二个谐振模式中，沿着槽线谐振器在 T 型枝节线位置的电压为零，槽线两边没有产生电压差，以至于电磁波的传播受到了抑制，所以该模式被抑制了，无法被激发。综上所述，只有当两个馈电点关于对称面（A-A'）对称时，第一个谐振模式才会被激发。同时，T 型枝节线能够有效激发第一个谐振模式。图 4.21 给出了 T 型枝节线谐振模式的频率分布。它进一步显示了该过渡结构的谐振模式是如何形成一个工作通带的，并且整个过渡带宽实际上也可以被视为两种谐振模式的叠加。

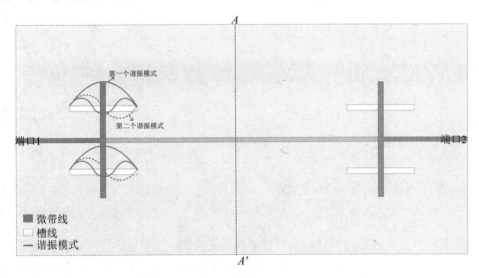

图 4.20　槽线谐振器前两个谐振模式的电压分布

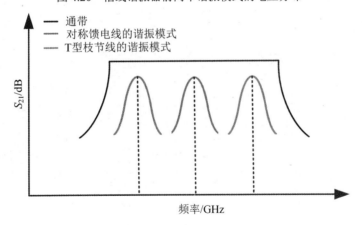

图 4.21　T 型枝节线谐振模式的频率分布

　　T 型枝节线是改善过渡结构带宽的关键。因此，有必要进一步研究 T 型枝节线对槽线谐振器谐振模式的影响。图 4.22 显示了该过渡结构左半部分的俯视图。在 HFSS 软件中对 T 型枝节线长度 L_2 和槽线谐振器谐振模式之间的关系进行了仿真，仿真结果如图 4.23 所示。可以看出，当 L_2

小于 0.2 mm 时，只有一个谐振模式被激发。当 L_2 逐渐增大到 0.6 mm 时，可以看到一个新的谐振模式逐渐被激发，说明该过渡结构的耦合强度由小逐渐变大。因此，可以得出结论，通过适当地调整 T 型枝节线长度 L_2，可以有效地激发槽线谐振器的多模特性，从而在很大程度上改善过渡结构的带宽。

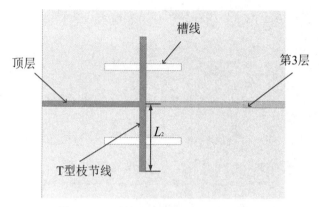

图 4.22　T 型枝节线槽线耦合过渡结构
左半部分的俯视图

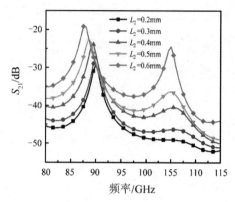

图 4.23　T 型枝节线长度 L_2 和槽线谐振器
谐振模式之间关系的仿真结果

图 4.24 所示为 T 型枝节线槽线耦合过渡结构的俯视图，图中标出了所对应的相关参数，W_1、L_1、W_2、L_2、L_5 分别表示顶层微带线宽度、输入端口到槽线中心的距离、T 型开路枝节线的宽度和长度、伸出槽线的长度；W_3 和 L_3 表示接地面槽线的宽度和长度；W_4 和 L_4 表示第 3 层微带线的宽度和长度。

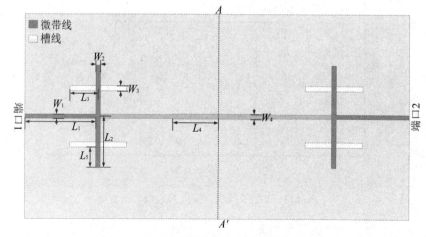

图 4.24　T 型枝节线槽线耦合过渡结构的俯视图

接下来，详细研究顶层和第 3 层 T 型枝节线，以及接地面槽线的长度和宽度对槽线谐振器耦合强度的影响。图 4.25 显示了 L_5、L_3、W_2 和 W_3 对耦合强度的影响。由图 4.25（a）可以得到，当 L_5 从 0.3 mm 增大到 0.5 mm 时，该过渡结构的传输特性逐渐变好；当 L_5 逐渐增大到 0.7 mm 时，该过渡结构的传输特性不断变差。上述内容也验证了，在工作频率下，当 T 型枝节线延伸出槽线的长度约为 1/4 波导波长（L_5 约为 0.5 mm）时，耦合强度最大，从而实现良好的传输特性。由图 4.25（b）可以得到，当槽线长度 L_3 小于 0.55 mm 时，该过渡结构呈现窄带特性；当槽线长度 L_3 增大到 0.6 mm 时，该过渡结构的传输通带内增加了一个传输极点，呈现宽带特性，有效地增加了带宽，且整体通带性能随着 L_3 增大逐渐变好。由图 4.25（c）可以得到，T 型枝节线的宽度 W_2 对该过渡结构的传输特性几乎没有影响。由图 4.25（d）可以得到，随着槽线宽度 W_3 的增大，传输特性变差，但影响较小。综上所述，合理调整 T 型枝节线和槽线的长度和宽度对耦合强度非常重要。一般来说，在工作频率下，当 T 型枝节线延伸出槽线的 1/4 波导波长且槽线约为 1/2 波导波长时，耦合强度最大，这时的输出性能达到最优。

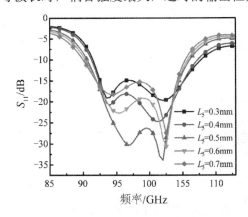

（a）L_5 对槽线耦合过渡结构 S_{11} 的影响

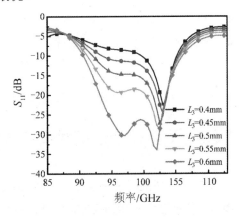

（b）L_3 对槽线耦合过渡结构 S_{11} 的影响

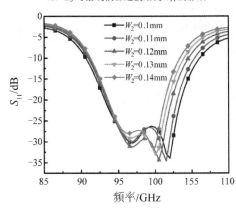

（c）W_2 对槽线耦合过渡结构 S_{11} 的影响

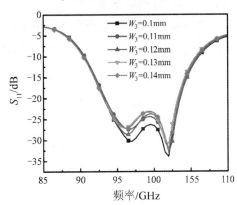

（d）W_3 对槽线耦合过渡结构 S_{11} 的影响

图 4.25　不同参数对耦合强度的影响

基于上述分析可以得到，当槽线谐振器被激发并适当地放置在指定的通带范围内时，改变 T 型枝节线的宽度，并将 T 型枝节线拉伸到槽线的一定长度（约为中心频率 1/4 波导波长），以满足所需的耦合强度，就可以达到预期的通带带宽特性。图 4.26 给出了 T 型枝节线槽线耦合过渡结构的仿真结果。可以看出，该过渡结构在 90.6～106.09 GHz 频率范围内，S_{21} 位于-2 dB 左右，最小损耗/最大损耗为-1.92 dB/-2.6 dB，且通带内的 S_{11} 优于-10 dB。很明显，在增加了 T 型枝节线和槽线枝节线后，引入了一个额外的传输极点，大大改善了通带带宽。

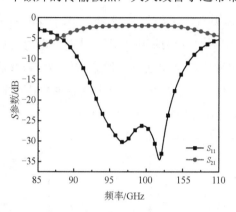

图 4.26　T 型枝节线槽线耦合过渡结构的仿真结果

4.2.4　T 型枝节线槽线耦合过渡结构的制作工艺

在多层 LCP 高密度集成系统中，多层 LCP 基板的制作工艺对过渡结构的传输特性有很大影响。因此，充分了解多层 LCP 衬底的生产程序对改善过渡结构的传输特性具有重要意义。图 4.27 给出了多层 LCP 基板的横截面图。在这个多层电路中，基板使用松下 R-F705S，相对介电常数为 2.9，损耗角正切为 0.0025。黏合层使用松下 R-BM17 材料，相对介电常数为 2.2，损耗角正切值为 0.0025。

多层 LCP 基板的主要制作工艺流程包括内层加工、层压加工和外层加工，如图 4.28 所示。第一个流程是内层加工，由三个步骤完成：减铜、内层光致和显影蚀刻剥离（DES）；第二个流程是层压加工，由两个步骤完成：刻蚀和层压；第三个流程是外层加工，由两个步骤完成：外层光诱导和 DES。在上述工艺中，减铜是对切割出来的双面敷铜 LCP 基板的铜表面进行微腐蚀处理；光致是指在不需要刻蚀图案的 LCP 基板的铜表面涂上紫外线保护的光刻胶；在 DES 中，D 代表显影，就是把光刻胶膜上面的图形显示在 LCP 基板的铜表面上，E 代表刻蚀，就是在金属铜层上刻蚀线条，S 代表褪膜，就是把膜去除，被膜挡住的部分不需要刻蚀；刻蚀是将双面敷铜 LCP 基板化学刻蚀成单面敷铜 LCP 基板；层压是通过将两块单面层压板与黏合片和加工好的内层基板对齐，生产多层 LCP 基板。

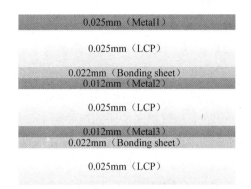

图 4.27　多层 LCP 基板的横截面图

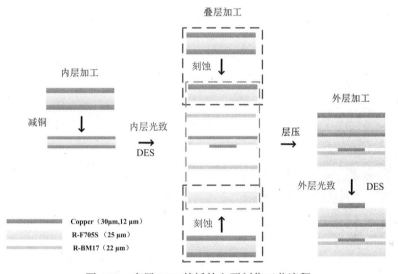

图 4.28　多层 LCP 基板的主要制作工艺流程

4.2.5　T 型枝节线槽线耦合过渡结构的表征与测试

T 型枝节线槽线耦合过渡结构主要用 HFSS 软件进行设计和仿真，该过渡结构的物理尺寸为 4 mm×8 mm。表 4.1 所示为该过渡结构的参数尺寸。

表 4.1　T 型枝节线槽线耦合过渡结构的参数尺寸　（单位: mm）

W_1	W_2	W_3	W_4	L_1	L_2	L_3	L_4
0.11	0.1	0.1	0.14	1.51	1	1.2	0.9

为了验证 T 型枝节线槽线耦合过渡结构传输特性的可靠性，参考了多个 LCP 制作公司，最后该过渡结构的实物加工由安捷利公司完成。采用 Cascade EPS15 探针台和矢量网络分析仪（Rohde & Schwarz VNA40）对实物进行了测试，其测试平台如图 4.29 所示[18]。图 4.30 显示了该

过渡结构的仿真结果与测试结果。结果表明，在 87.5～101.3 GHz 频率范围内，S_{11} 优于-10 dB，S_{21} 位于-6.6 dB 左右。与仿真结果相比，测试结果向低频偏移，而且 S_{11} 也不是很匹配。针对这一现象，我们详细研究和分析了多层 LCP 电路中 L_4 和黏合层厚度 h 对传输特性的影响。随着黏合层厚度 h 的减小，S_{11} 恶化，如图 4.31（a）所示。图 4.31（b）显示，随着 L_4 逐渐增大，过渡结构的频率范围向低频偏移。因此，测试结果的不匹配和频率偏移，主要是因为在制作过程中，黏合层厚度 h 和 L_4 的偏差。所以，在后续的研究工作中，需要对过渡结构的尺寸和黏合层厚度的毫米波特性进行系统的研究，进而提高多层 LCP 电路结构设计的精度[23]。图 4.32 显示了该过渡结构的实物图。此外，表 4.2 总结了该过渡结构和其他文献设计的过渡结构各参数性能的比较。从表 4.2 中可知，与其他结构相比，本节设计的槽线耦合过渡结构带宽最大，材质不同，有三层结构。与文献[25]相比，有效尺寸较大。

图 4.29　测试平台

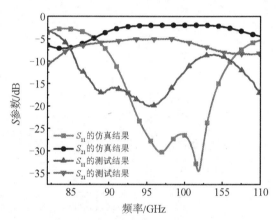

图 4.30　T 型枝节线槽线耦合过渡结构的仿真结果与测试结果

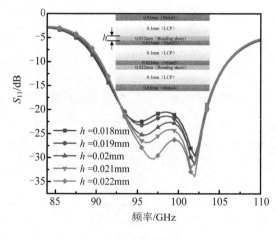

（a）h 对 S_{11} 的影响

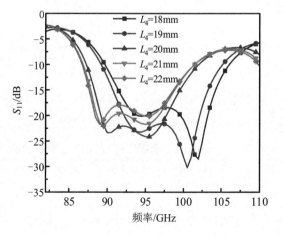

（b）L_4 对 S_{11} 的影响

图 4.31　不同参数对 S_{11} 的影响

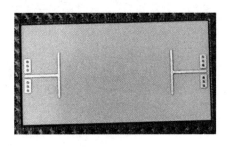 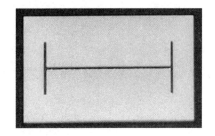

（a）正面　　　　　　　　　　　　　　　（b）反面

图 4.32　T 型枝节线槽线耦合过渡结构的实物图

表 4.2　与其他文献设计的过渡结构各参数性能的比较

文献	带宽/GHz	（RL/IL）/dB	传输极点	结构	有效尺寸	材质
[25]	4~12	8/≤2.7	2	两层	$0.25\lambda_g$	LTCC
[27]	3.5~11.5	10/≤1.7	3	两层	$0.5\lambda_g$	Rogers Duroid 5880
[30]	4.5~8.6	15/≤0.7	3	两层	$0.4\lambda_g$	RO4003C
[45]	3.15~8.25	15/≤0.7	3	两层	$0.5\lambda_g$	RO4003C
本设计	90.6~106.1	10/≤2.4	2	三层	$0.33\lambda_g$	LCP

RL：回波损耗；IL：插入损耗；λ_g：通带中心频率处的有效波导波长。

4.3　微带枝节加载槽线耦合过渡结构

4.3.1　微带枝节加载槽线谐振器的提出

在进行微带枝节加载槽线耦合过渡结构的设计时，先来了解传统槽线枝节加载谐振器，如图 4.33 所示。从图中可以得到，接地面正中间刻蚀了两根相互正交的槽线枝节，从而形成槽线枝节加载谐振器。与常见的微带枝节不同的是，槽线枝节加载谐振器将微带线用槽线代替。对偶性是两种枝节加载谐振器共有的特性，正是这个特性，使得它们虽然传输形式不同，但有相似的谐振特性。相反，传统槽线枝节加载谐振器有一定的缺陷。首先，该结构是直接馈电的，因此，通带内通常不会有额外的传输极点，且带宽相对较窄，传输特性相对较差；其次，当所设计的结构比较复杂时，占用的资源空间太大，容易影响传输特性。为解决上述缺陷，对传统槽线枝节加载谐振器进行了改进，将一根槽线枝节用微带枝节代替，形成了微带枝节加载槽线谐振器，如图 4.34所示。由于该谐振器由两种传输线组成，因此又被称为"混合传输线结构的枝节加载谐振器"或"混合谐振器"[19,20]。

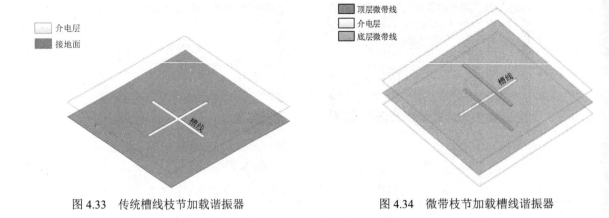

图 4.33 传统槽线枝节加载谐振器   图 4.34 微带枝节加载槽线谐振器

4.3.2 微带枝节加载槽线耦合过渡结构的设计

4.3.2.1 微带枝节加载槽线三模谐振器耦合过渡结构的设计

在介绍了微带枝节加载槽线谐振器后，本节在微带枝节加载谐振器的基础上用平行耦合微带线的方式进行馈电[10,21]，设计了一款微带枝节加载槽线三模谐振器耦合过渡结构，其三维结构示意图如图 4.35 所示。在该多层电路结构中，顶层采用 50 Ω 的微带线作为槽线耦合过渡结构的输入/输出端口，并用微带加载枝节线与其平行耦合来改善传输特性；接地面刻蚀了两根均匀槽线；第 3 层通过一根微带传输线进行信号的传输。信号先通过端口 1 输入，然后通过接地面的槽线进行耦合，耦合到第 3 层微带线，最后由槽线耦合到端口 2 输出。

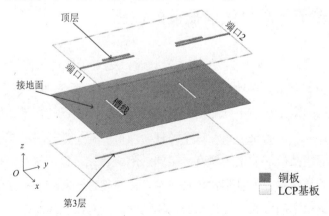

图 4.35 微带枝节加载槽线三模谐振器耦合过渡结构的三维结构示意图

图 4.36 所示为微带枝节加载槽线三模谐振器耦合过渡结构的俯视图，图中 W_1、L_1、W_2、L_2、S 分别表示顶层 50 Ω 微带线的宽度和长度、延伸出槽线开路枝节线的宽度和长度，以及 50 Ω 微

带线与微带加载枝节线之间的距离；W_3 和 L_3 分别表示微带加载枝节线的宽度和长度；W_4、L_4、L_5 分别表示接地面槽线的宽度和长度、第 3 层微带传输线的长度。结合上述参数，为了进一步研究微带枝节加载槽线三模谐振器耦合过渡结构的传输特性，分别对 L_2、S、L_3、W_3、L_4 这 5 个参数进行分析。

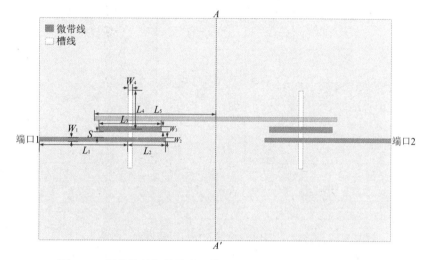

图 4.36　微带枝节加载槽线三模谐振器耦合过渡结构的俯视图

（1）L_2 对微带枝节加载槽线三模谐振器耦合过渡结构 S_{11} 的影响。

为了得到该过渡结构最优性能时延伸出槽线的最优长度，对 L_2 进行详细分析。图 4.37 给出了 L_2 对微带枝节加载槽线耦合过渡结构 S_{11} 的影响，当 L_2 小于 0.5 mm 时，该过渡结构呈现窄带特性。当 L_2 增大到 0.6 mm 时，该过渡结构的传输通带内增加了一个传输极点，呈现宽带特性，有效地增加了带宽，在 51.7～76.93 GHz 频率范围内实现了信号的宽带传输。

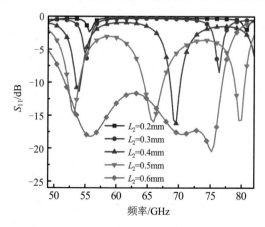

图 4.37　L_2 对微带枝节加载槽线耦合过渡结构 S_{11} 的影响

为了进一步分析该过渡结构中 L_2 对传输特性的影响，图 4.38 给出了 L_2 对谐振频率 f_3 和 S_{11} 的影响。在图 4.38（a）中，随着 L_2 增大，谐振频率逐渐向低频移动。在图 4.38（b）中，当 L_2 增大到 0.5 mm 时，S_{11} 不断减小，表明该过渡结构的传输特性不断得到改善；当 L_2 大于 0.5 mm 时，该过渡结构的传输特性逐渐变差。

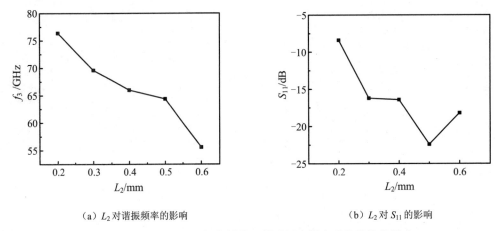

（a）L_2 对谐振频率的影响　　　　　　　　（b）L_2 对 S_{11} 的影响

图 4.38　L_2 对微带枝节加载槽线三模谐振器耦合过渡结构的影响

（2）S 对微带枝节加载槽线三模谐振器耦合过渡结构 S_{11} 的影响。

图 4.39 表示 S 对槽线耦合过渡结构 S_{11} 的影响。当 S 从 0.13 mm 增大到 0.15 mm 时，该过渡结构的传输特性逐渐得到改善，带宽基本保持不变；当 S 逐渐增大到 0.17 mm 时，该过渡结构的传输特性逐渐变差。

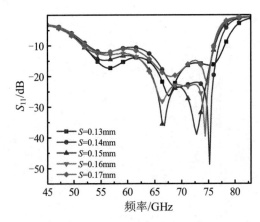

图 4.39　S 对微带枝节加载槽线三模谐振器耦合过渡结构 S_{11} 的影响

（3）L_3 对微带枝节加载槽线三模谐振器耦合过渡结构 S_{11} 的影响。

图 4.40 表示 L_3 对槽线耦合过渡结构 S_{11} 的影响。从图中可以看出，当 L_3 为 1.21 mm 时，该

过渡结构的传输特性最差，随着 L_3 不断减小，低频传输极点的 S_{11} 在频率 55 GHz 左右基本保持不变，高频传输极点的 S_{11} 得到了很大改善，从原先的-12 dB 优化到-23.4 dB。过渡结构的带宽也得到了很大提高。

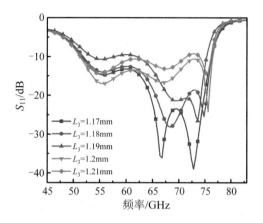

图 4.40　L_3 对微带枝节加载槽线三模谐振器耦合过渡结构 S_{11} 的影响

（4）W_3 对微带枝节加载槽线三模谐振器耦合过渡结构 S_{11} 的影响。

图 4.41 表示 W_3 对槽线耦合过渡结构 S_{11} 的影响。从图中可以看出，当 W_3 为 0.08 mm 时，该过渡结构的传输特性最差，随着 W_3 不断增大，低频传输极点的 S_{11} 在频率 55 GHz 左右基本保持不变，高频传输极点的 S_{11} 得到了很大改善，从原先的-14.5 dB 优化到-23.4 dB。过渡结构的带宽也得到了很大提高。

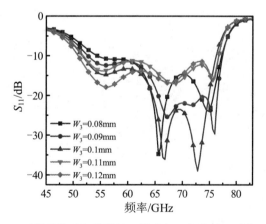

图 4.41　W_3 对微带枝节加载槽线三模谐振器耦合过渡结构 S_{11} 的影响

（5）L_4 对微带枝节加载槽线三模谐振器耦合过渡结构 S_{11} 的影响。

对微带枝节加载槽线耦合过渡结构的前四个参数进行分析后，分析 L_4 对其 S_{11} 的影响，如

图 4.42 所示。随着 L_4 从 0.45 mm 增大到 0.7 mm，传输特性逐渐变好，且过渡结构的带宽逐渐变大，从最初的 11.14 GHz 增大到 24.6 GHz。上述内容也验证了，当微带枝节加载槽线耦合过渡结构中槽线的长度约为 1/2 波导波长（L_5 约为 1.6 mm）时，槽线耦合强度最大，从而实现良好的传输特性。

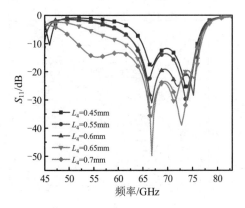

图 4.42 L_4 对微带枝节加载槽线三模谐振器耦合过渡结构 S_{11} 的影响

基于以上分析，选取该过渡结构的各参数为 W_1=0.078 mm、L_1=1.7 mm、W_2=0.075 mm、L_2=0.67 mm、S=0.1 mm、W_3=0.1 mm、L_3=1.17 mm、W_4=0.08 mm、L_4=0.7 mm、L_5=2.27 mm。根据上述尺寸对该过渡结构进行设计，其仿真结果如图 4.43 所示。该过渡结构在 51.66～76.26 GHz 频率范围内，S_{21} 位于 -1.5 dB 左右，最小损耗/最大损耗为 -1.3 dB/-2.8 dB，且通带内的 S_{11} 优于 -13.24 dB。

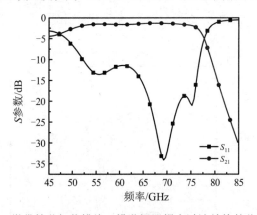

图 4.43 微带枝节加载槽线三模谐振器耦合过渡结构的仿真结果

为了进一步改善上述传统微带枝节加载槽线耦合过渡结构的宽带，对该结构进行了改进，如图 4.44 所示，在原来接地面槽线的基础上刻蚀了两根 L 型槽线。通过在接地面添加 L 型槽线，可以更加灵活地控制接地面槽线与顶层和第 3 层的耦合强度，实现微带枝节加载槽线耦合过渡结构阻抗的高效匹配，从而实现宽带信号的传输。图 4.45 所示为改进后微带枝节加载槽线耦合过渡结构的俯视图。接下来对刻蚀的 L 型槽线进行详细分析，图 4.46 和图 4.47 给出了 L_6 和 L_7 对微带枝节加载槽线耦合过渡结构 S_{11} 的影响。从图 4.46 中可以清晰地看到，随着 L_6 逐渐增大到 0.3 mm，微带枝节加载槽线耦合过渡结构的 S_{11} 得到了明显改善，当 L_6 再增大时，传输特性开始逐渐变差。从图 4.47 中可以看到，随着 L_7 不断增大，微带枝节加载槽线耦合过渡结构的传输特性逐渐变差。通过对 L 型槽线的性能分析可以得到，当 L_6 和 L_7 分别为 0.3 mm 和 0.2 mm 时，改进后微带枝节加载槽线耦合过渡结构的传输特性达到最优，实现了宽带信号的高效传输。

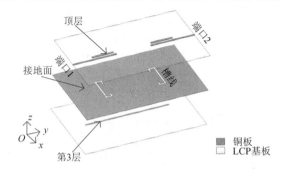

图 4.44　改进后微带枝节加载槽线耦合过渡结构的三维结构示意图

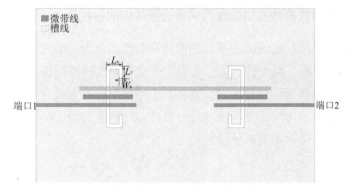

图 4.45　改进后微带枝节加载槽线耦合过渡结构的俯视图

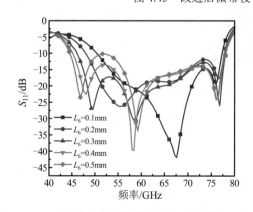

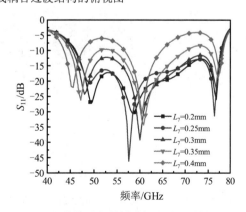

图 4.46　L_6 对微带枝节加载槽线耦合过渡结构 S_{11} 的影响　　图 4.47　L_7 对微带枝节加载槽线耦合过渡结构 S_{11} 的影响

图 4.48 所示为改进后和未改进微带枝节加载槽线耦合过渡结构的仿真结果对比,从图中可明显地看出,改进后微带枝节加载槽线耦合过渡结构 S_{11} 得到了较大改善,其在 46.09～78.11 GHz 频率范围内呈现出良好的宽带特性,带宽得到了极大改善,从 24.6 GHz 提升到 32 GHz。

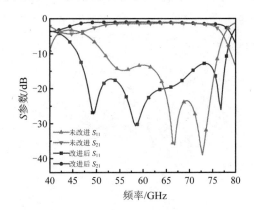

图 4.48 改进后和未改进微带枝节加载槽线耦合过渡结构的仿真结果对比

4.3.2.2 微带枝节加载槽线四模谐振器耦合过渡结构的设计

经过微带枝节加载槽线三模谐振器耦合过渡结构的设计,为了激发更多的模式,对上述过渡结构进行了改进,添加了两个微带枝节,形成了微带枝节加载槽线四模谐振器耦合过渡结构,其三维结构示意图如图 4.49 所示。从图中可以看到,信号从平行耦合微带线输入,通过双平行微带枝节与槽线枝节进行耦合来传输,双平行微带枝节是该过渡结构的关键,适当地调节双平行微带枝节之间的距离,便可以得到所需的传输特性。

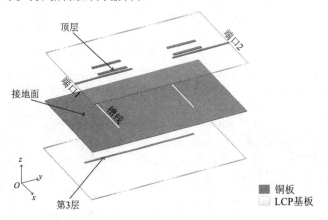

图 4.49 微带枝节加载槽线四模谐振器耦合过渡结构的三维结构示意图

图 4.50 所示为微带枝节加载槽线四模谐振器耦合过渡结构的俯视图,W_1、L_1、W_2、L_2、S 分别表示顶层 50 Ω 微带线的宽度和长度、延伸出槽线开路枝节线的宽度和长度、50 Ω 微带线与微

带加载枝节线之间的距离；W_3 和 L_3 分别表示微带加载枝节线的宽度和长度；W_4、L_4、L_5 分别表示接地面槽线的宽度和长度、第 3 层微带传输线的长度。结合上述结构参数，为了进一步研究微带枝节加载耦合过渡结构的传输特性，分别对 L_2、L_3、L_4、W_3、S 这 5 个参数进行分析。

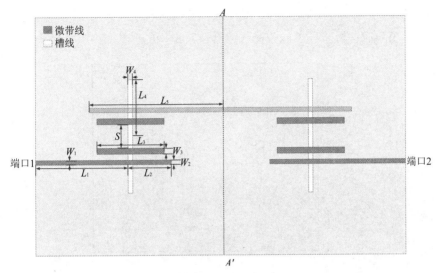

图 4.50　微带枝节加载槽线四模谐振器耦合过渡结构的俯视图

（1）L_2 对微带枝节加载槽线耦合过渡结构 S_{11} 的影响。

为了得到该过渡结构最优性能时延伸出槽线的最优长度，对 L_2 进行了详细分析。图 4.51 给出了 L_2 对微带枝节加载槽线耦合过渡结构 S_{11} 的影响,当延伸出槽线的长度 L_2 逐渐增大到 0.7 mm 时，该过渡结构整体通带内 S_{11} 向低频移动，且传输特性逐渐变好。当 L_2 增大到 0.8 mm 时，该过渡结构的传输特性变差。

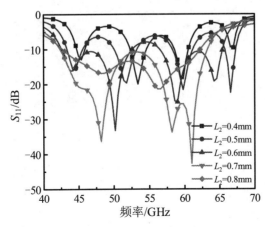

图 4.51　L_2 对微带枝节加载槽线耦合过渡结构 S_{11} 的影响

（2）L_3 对微带枝节加载槽线耦合过渡结构 S_{11} 的影响。

图 4.52 表示 L_3 对微带枝节加载槽线耦合过渡结构 S_{11} 的影响。从图中可以明显看到，当 L_3 从 0.9 mm 增大到 1.2 mm 时，该过渡结构的带内传输极点从 1 个增加到 4 个，槽线耦合过渡结构呈现宽带特性，有效地增加了带宽，在 42.36～63.29 GHz 频率范围内实现了信号的宽带传输。当 L_3 逐渐增大到 1.3 mm 时，微带枝节加载槽线耦合过渡结构的传输特性开始逐渐变差。

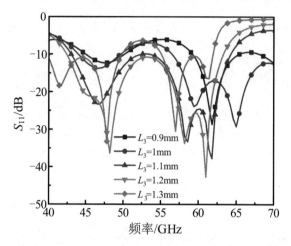

图 4.52　L_3 对微带枝节加载槽线耦合过渡结构 S_{11} 的影响

（3）L_4 对微带枝节加载槽线耦合过渡结构 S_{11} 的影响。

图 4.53 表示 L_4 对微带枝节加载槽线耦合过渡结构 S_{11} 的影响。从图中可以看出，当 L_4 增大到 1.9 mm 时，其带内传输极点从 1 个增加到 4 个，槽线耦合过渡结构的带宽得到了很大提高。当 L_4 再次增大时，该过渡结构的传输特性开始变差。

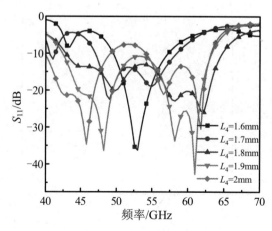

图 4.53　L_4 对微带枝节加载槽线耦合过渡结构 S_{11} 的影响

（4）W_3 对微带枝节加载槽线耦合过渡结构 S_{11} 的影响。

图 4.54 表示 W_3 对微带枝节加载槽线耦合过渡结构 S_{11} 的影响。从图中可以看出,当 W_3 为 0.08 mm 时,该过渡结构的传输特性最差,随着 W_3 不断增大,低频传输极点的 S_{11} 在频率 55 GHz 左右基本保持不变,高频传输极点的 S_{11} 得到了很大改善,从原先的-14.5 dB 优化到-23.4 dB。槽线耦合过渡结构的带宽也得到了很大提高。

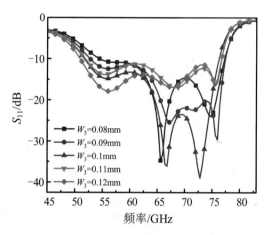

图 4.54　W_3 对微带枝节加载槽线耦合过渡结构 S_{11} 的影响

（5）S 对微带枝节加载槽线耦合过渡结构 S_{11} 的影响。

对微带枝节加载槽线耦合过渡结构的前四个参数进行分析后,分析 S 对该过渡结构传输特性的影响,如图 4.55 所示。随着 S 从 0.1 mm 增大到 0.25 mm,传输特性逐渐变好,带内传输极点从 2 个增加到 4 个,且过渡结构的带宽逐渐变大,从最初的 2.7 GHz 增大到 20.93 GHz。随着 S 继续增大,其传输特性逐渐变差。

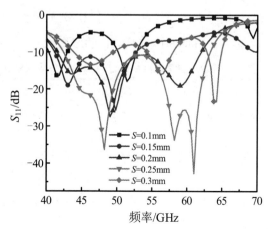

图 4.55　S 对微带枝节加载槽线耦合过渡结构 S_{11} 的影响

基于以上分析，该过渡结构的最优参数为 W_1=0.075 mm、L_1=1.7 mm、W_2=0.1 mm、L_2=0.73 mm、S=0.25 mm、W_3=0.1 mm、L_3=1.2 mm、W_4=0.08 mm、L_4=0.95 mm、L_5=2.33 mm。根据上述尺寸对该过渡结构进行设计，其仿真结果如图 4.56 所示。从图中可以明显得到，该过渡结构在 42.36～63.29 GHz 频率范围内，S_{21} 位于-1.6 dB 左右，最小损耗/最大损耗为-1.5 dB/-2.5 dB，且通带内的 S_{11} 优于-10.78 dB。

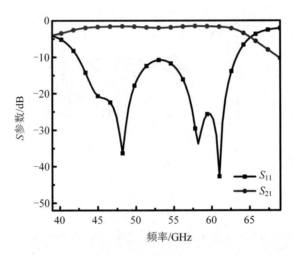

图 4.56　微带枝节加载槽线四模谐振器耦合过渡结构的仿真结果

4.3.3　微带枝节加载槽线耦合过渡结构的表征与测试

4.3.3.1　微带枝节加载槽线三模谐振器耦合过渡结构

微带枝节加载槽线三模谐振器耦合过渡结构主要用 HFSS 软件进行设计和仿真，该过渡结构的物理尺寸为 4 mm×6.6 mm。表 4.3 所示为该过渡结构的参数尺寸。

表 4.3　微带枝节加载槽线三模谐振器耦合过渡结构的参数尺寸（单位: mm）

W_1	W_2	W_3	W_4	W_5	L_1	L_2	L_3	L_4	L_5	S	L_6	L_7
0.078	0.075	0.1	0.08	0.06	1.66	0.71	1.17	0.7	2.23	0.1	0.36	0.26

在完成微带枝节加载槽线三模谐振器耦合过渡结构的设计后，为了验证该过渡结构宽带传输特性的准确性和可靠性，对上述设计的过渡结构尺寸进行实物加工制作，其实物图如图 4.57 所示。采用 Cascade EPS15 探针台和矢量网络分析仪（Rohde & Schwarz VNA40）对实物进行了测试，其测试平台如图 4.58 所示[23]。

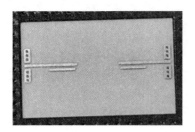

（a）正面

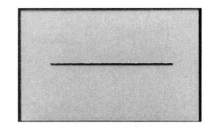

（b）反面

图 4.57　微带枝节加载槽线三模谐振器耦合过渡结构的实物图

图 4.58　测试平台

图 4.59 给出了未改进和改进后微带枝节加载槽线三模谐振器耦合过渡结构的测试结果与仿真结果对比。在图 4.59（a）中，在 48.8～75.46 GHz 频率范围内，S_{21} 位于-1.2 dB 左右，最大损耗为-2.4 dB，出现在频率 66.4 GHz 处，而 S_{11} 优于-13 dB。在图 4.59（b）中，在 44.85～70.7 GHz 频率范围内，S_{21} 位于-1.9 dB 左右，最大损耗为-2.28 dB，出现在频率 60.45 GHz 处，而 S_{11} 优于-11.7 dB。并且明显可以看出，改进后的仿真结果和测试结果的 S 参数匹配程度不是很好。这可能是因为该过渡结构在加工过程中受到了不必要的误差影响。

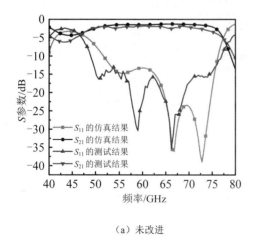

（a）未改进

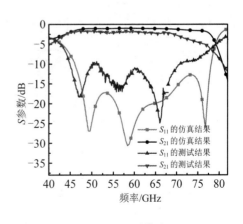

（b）改进后

图 4.59　未改进和改进后微带枝节加载槽线三模谐振器耦合过渡结构的仿真结果与测试结果对比

4.3.3.2 微带枝节加载槽线四模谐振器耦合过渡结构

微带枝节加载槽线四模谐振器耦合过渡结构主要用 HFSS 软件进行设计和仿真，该过渡结构的物理尺寸为 4 mm×6.6 mm。表 4.4 所示为该结构的参数尺寸。

表 4.4   微带枝节加载槽线四模谐振器耦合过渡结构的参数尺寸（单位: mm）

W_1	W_2	W_3	W_4	L_1	L_2	L_3	L_4	L_5	S
0.075	0.075	0.1	0.08	1.66	0.71	1.2	0.85	2.33	0.4

在完成微带枝节加载槽线四模谐振器耦合过渡结构的设计后，为了验证该过渡结构的宽带传输特性，对上述设计的过渡结构尺寸进行实物加工制作，其实物图如图 4.60 所示。

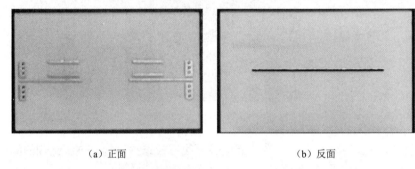

（a）正面   （b）反面

图 4.60   微带枝节加载槽线四模谐振器耦合过渡结构的实物图

图 4.61 所示为微带枝节槽线四模谐振器耦合过渡结构的仿真结果与测试结果对比。从图中可知，在 41.56～63.29 GHz 频率范围内，S_{21} 位于-2.2 dB 左右，最大损耗为-4.43 dB，出现在频率 54.2 GHz 处，而 S_{11} 优于-6.3 dB。可以明显看出，该过渡结构的仿真结果和测试结果 S 参数的趋势非常相似，但测试结果的 S_{11} 与仿真结果有很大的偏差，可能是制作精度带来的误差造成的。在后续工作中，将对产生的原因进行详细的研究与分析。

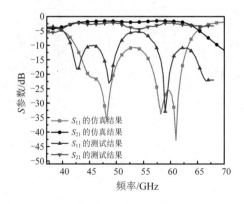

图 4.61   微带枝节槽线四模谐振器耦合过渡结构的仿真结果与测试结果对比

4.4　环形谐振器槽线耦合过渡结构

4.4.1　环形谐振器均匀双槽线耦合过渡结构的设计

基于环形谐振器利用传统的均匀双槽线设计了一款过渡结构，图 4.62 所示为其三维结构示意图。在这个过渡结构中，2 根 50 Ω 微带线、2 个均匀槽线谐振器和 1 个环形谐振器分别分布在不同的层。图 4.63 所示为该过渡结构的俯视图，从图中可以看出，2 个均匀槽线谐振器和 1 个环形谐振器关于对称线（A-A'）对称。基于多模宽带理论，在工作频率下，当微带线延伸出槽线的长度约为 1/4 波导波长时，就会获得最大的耦合强度。

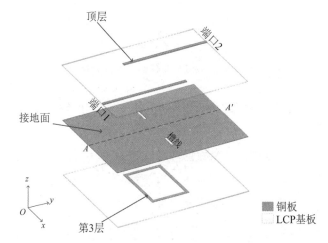

图 4.62　环形谐振器均匀双槽线耦合过渡结构的三维结构示意图

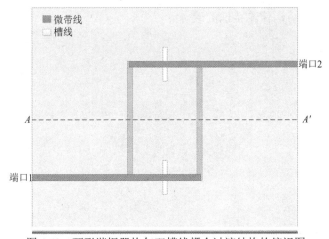

图 4.63　环形谐振器均匀双槽线耦合过渡结构的俯视图

对该过渡结构进行仿真设计，其仿真结果如图 4.64 所示，分别在 47.51～49.14 GHz、74.22～77.17 GHz 及 104.26～106.22 GHz 频率范围内产生了 3 个狭窄的通带（优于-10 dB 的 S_{11} 标准）。由于该过渡结构简单且带宽较窄，并不能满足本节的设计需求。因此，接下来本节研究的重点为宽带的改善。

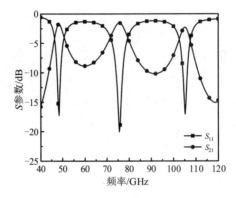

图 4.64　环形谐振器均匀双槽线耦合过渡结构的仿真结果

4.4.2　环形谐振器背对背 Y 型槽线耦合过渡结构的设计

通过 4.4.1 节设计的环形谐振器均匀双槽线耦合过渡结构可以得到，均匀双槽线只是在通带内激发了 3 个单一的谐振模式。在通常情况下，过渡结构的带宽主要取决于谐振模式的多少及每个谐振模式的分离程度。为了进一步改善上述过渡结构的宽带，对其进行了改进，在均匀双槽线的基础上刻蚀"八"字形的枝节形成图 4.65 所示的环形谐振器背对背 Y 型槽线耦合过渡结构。在这个过渡结构中，通过调整顶层微带线延伸出槽线的长度增大耦合强度并激发 Y 型槽线谐振器中的谐振模式，实现过渡结构传输特性的改善。

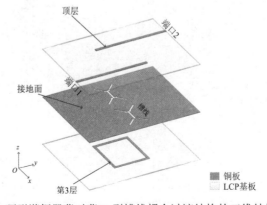

图 4.65　环形谐振器背对背 Y 型槽线耦合过渡结构的三维结构示意图

图 4.66 所示为环形谐振器背对背 Y 型槽线耦合过渡结构的俯视图，W_1、L_1、W_2、L_2 分别表示顶层 50Ω 微带线的宽度和长度、延伸出槽线开路枝节线的宽度和长度；W_3 和 L_3 表示与顶层微带线相互正交的槽线的宽度和长度；W_4、L_4、L_5 分别表示接地面槽线分叉枝节的宽度和长度、第 3 层环形微带线的横向长度。结合上述结构参数，为了进一步研究环形谐振器背对背 Y 型槽线耦合过渡结构的传输特性，分别对 L_2、L_3、L_4、L_5 这 4 个参数进行分析。

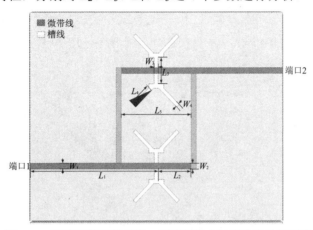

图 4.66　环形谐振器背对背 Y 型槽线耦合过渡结构的俯视图

（1）L_2 对环形谐振器背对背 Y 型槽线耦合过渡结构 S_{11} 的影响。

为了得到该过渡结构最优性能时延伸出槽线的最优长度，对 L_2 进行详细分析。图 4.67 给出了 L_2 对环形谐振器背对背 Y 型槽线耦合过渡结构 S_{11} 的影响，当 L_2 为 0.3 mm 时，通带内有 3 个谐振点，即传输极点。当 L_2 逐渐增大时，通带内传输极点整体向低频偏移且性能逐渐变好。当 L_2 增大到 0.6 mm 时，观察到有 1 个额外的传输极点被激发，但不是很明显。继续增大 L_2 到 0.7 mm 时，很明显带内传输极点有 4 个且带宽和传输特性得到了很大改善。在 51.7～76.93 GHz 频率范围内实现了信号的宽带传输。

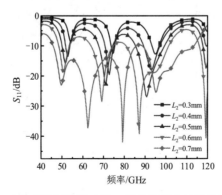

图 4.67　L_2 对环形谐振器背对背 Y 型槽线耦合过渡结构 S_{11} 的影响

（2）L_3 对环形谐振器背对背 Y 型槽线耦合过渡结构 S_{11} 的影响。

图 4.68 表示 L_3 对环形谐振器背对背 Y 型槽线耦合过渡结构传输特性的影响，从图中可以明显看出，当 L_3 为 0.1 mm 时，S_{11} 在整个通带内只有 3 个谐振点且传输特性较差，这表明该过渡结构中输入信号从顶层的微带线流进几乎全反射，只有很少的信号从顶层微带线通过槽线耦合至第 3 层。当 L_3 增大到 0.2 mm 时，带内传输极点由 3 个增加至 5 个，传输特性和带宽得到了很大改善。当 L_3 继续增大时，所得到的传输特性和带宽几乎没有发生变化。这说明只要将 L_3 控制在一定范围内，就可以得到良好的传输特性，且在这个范围内变化几乎不会影响过渡结构的传输特性。根据这个特性，可以很好地对参数进行选取。

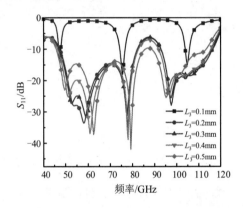

图 4.68　L_3 对环形谐振器背对背 Y 型槽线耦合过渡结构 S_{11} 的影响

（3）L_4 对环形谐振器背对背 Y 型槽线耦合过渡结构 S_{11} 的影响。

图 4.69 表示 L_4 对环形谐振器背对背 Y 型槽线耦合过渡结构传输特性的影响。随着 L_4 不断增大，通带内的传输极点由最初的 3 个增加到 5 个，在 40～70 GHz 频率范围内，S_{11} 先变好再逐渐变差，而在 70～120 GHz 频率范围内，S_{11} 逐渐变好。但是，当 L_4 大于 0.2 mm 时，对 S_{11} 的影响较小。

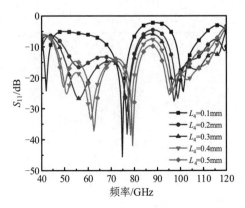

图 4.69　L_4 对环形谐振器背对背 Y 型槽线耦合过渡结构 S_{11} 的影响

（4）L_5 对环形谐振器背对背 Y 型槽线耦合过渡结构 S_{11} 的影响。

对上述 3 个参数进行分析后，对第 3 层环形微带传输线长度 L_5 进行分析，如图 4.70 所示。随着 L_5 不断增大，环形谐振器背对背 Y 型槽线耦合过渡结构的传输特性基本保持不变。

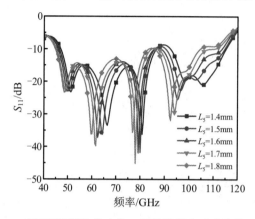

图 4.70　L_5 对环形谐振器背对背 Y 型槽线耦合过渡结构 S_{11} 的影响

综合上述对各参数的分析，该过渡结构的最优参数为 L_1=2.22 mm、L_2=0.7 mm、L_3=1.4 mm、L_4=0.43 mm、L_5=1.4 mm。根据上述尺寸对该过渡结构进行设计，其仿真结果如图 4.71 所示。结果显示该过渡结构在 46.34～115.7 GHz 频率范围内的 S_{21} 位于-1.5 dB 左右，最小损耗/最大损耗为-1.05 dB/-4.8 dB，分别出现在频率 62.5 GHz 和 114.6 GHz 处，且通带内的 S_{11} 优于-9.7 dB。

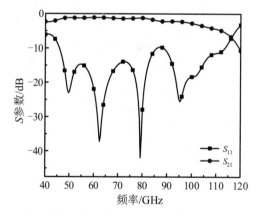

图 4.71　环形谐振器背对背 Y 型槽线耦合过渡结构的仿真结果

4.4.3　环形谐振器 H 型槽线耦合过渡结构的设计

随着微波、毫米波电路集成度和使用频率的不断提高，槽线耦合过渡结构作为其核心单元，不仅需要高性能、大带宽、低价格，还需要保证其结构紧凑且易于加工。因此，槽线耦合过渡结构小型化的设计变得越来越重要。基于 4.4.2 节设计的槽线耦合过渡结构，为了进一步改善其过渡结构的尺寸，对其进行了改进，把接地面的背对背 Y 型槽线变为 H 型槽线，如图 4.72 所示。改进后接地面 H 型槽线对过渡结构的传输特性及带宽的影响变得非常重要。图 4.73 所示为环形谐振器 H 型槽线耦合过渡结构的俯视图。

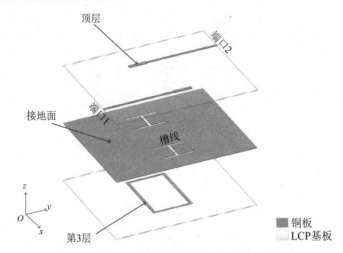

图 4.72　环形谐振器 H 型槽线耦合过渡结构的三维结构示意图

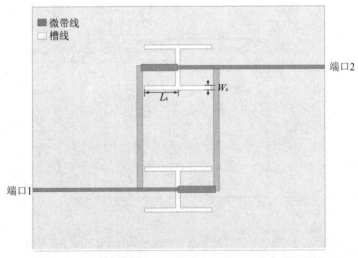

图 4.73　环形谐振器 H 型槽线耦合过渡结构的俯视图

接下来，详细研究 H 型槽线 L_6、W_5 参数对槽线耦合强度的影响。图 4.74 分别显示了 L_6 和 W_6 对该过渡结构耦合强度的影响。由图 4.74（a）可以得到，当 L_6 逐渐增大时，带内的传输极点由 3 个增加至 5 个，传输特性逐渐变好，带宽得到了很大改善。由图 4.74（b）可以得到，H 型

槽线的宽度 W_6 对该过渡结构的传输特性几乎没有影响。根据以上分析可以得到，H 型槽线的长度对传输特性及带宽有很大的影响。因此，控制好 H 型槽线的长度是设计好该过渡结构的关键。

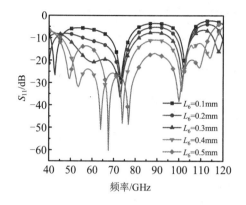
（a）L_6 对耦合强度的影响

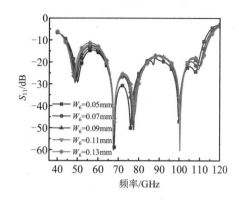
（b）W_6 对耦合强度的影响

图 4.74　不同参数对环形谐振器 H 型槽线耦合过渡结构耦合强度的影响

经过上述分析，最终得到环形谐振器 H 型槽线耦合过渡结构的仿真结果，如图 4.75 所示。从图中可以得到，该过渡结构在 44.11～113.39 GHz 频率范围内的 S_{21} 位于-1.1 dB 左右，最小损耗/最大损耗为-0.91 dB/-1.6 dB，分别出现在频率 66.3 GHz 和 90.2 GHz 处，且通带内的 S_{11} 优于-13.58 dB。

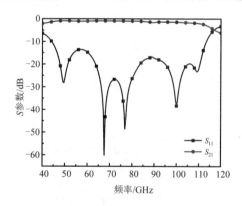

图 4.75　环形谐振器 H 型槽线耦合过渡结构的仿真结果

4.4.4　环形谐振器槽线耦合过渡结构的表征与测试

4.4.4.1　环形谐振器背对背 Y 型槽线耦合过渡结构

环形谐振器背对背 Y 型槽线耦合过渡结构主要用 HFSS 软件进行设计和仿真，该过渡结构的物理尺寸为 3.26 mm×5 mm。表 4.5 所示为该过渡结构的参数尺寸。

表 4.5　环形谐振器背对背 Y 型槽线耦合过渡结构的参数尺寸（单位: mm）

W_1	W_2	W_3	W_4	L_1	L_2	L_3	L_4	L_5
0.11	0.11	0.08	0.07	2.22	0.7	0.5	0.43	1.4

为了验证该过渡结构传输特性的准确性，对上述尺寸进行实物加工制作，实物图如图 4.76 所示。

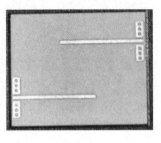 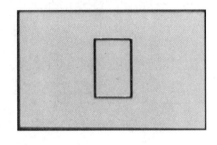

（a）正面　　　　　　　　　　　　　　　　（b）反面

图 4.76　环形谐振器背对背 Y 型槽线耦合过渡结构的实物图

对实物采用 Cascade EPS15 探针台和矢量网络分析仪（Rohde & Schwarz VNA40）进行测试，其仿真结果与测试结果对比如图 4.77 所示。从图中可以明显得到，在 43.53～104.5 GHz 频率范围内的 S_{21} 位于 −2.2 dB 左右，最小损耗/最大损耗为 −1.6 dB/−5.3 dB，分别出现在频率 51.26 GHz 和 105.5 GHz 处，且通带内的 S_{11} 优于 −11.9 dB，相对带宽可达到 84.9%，仿真结果与测试结果达到高度一致。

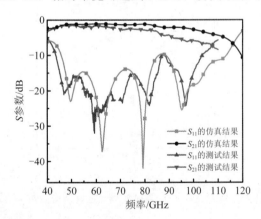

图 4.77　环形谐振器背对背 Y 型槽线耦合过渡结构的仿真结果与测试结果对比

4.4.4.2　环形谐振器 H 型槽线耦合过渡结构

为了验证改进后的环形谐振器 H 型槽线耦合过渡结构传输特性的准确性和可靠性，对其进行实物加工制作，实物图如图 4.78 所示。整个结构尺寸为 2.74 mm×5 mm，相比环形谐振器背对背 Y 型槽线耦合过渡结构在很大程度上减小了物理尺寸。

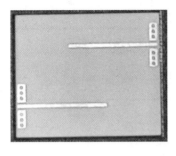 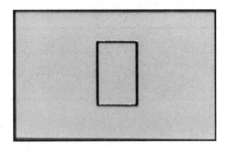

（a）正面 （b）反面

图 4.78 环形谐振器 H 型槽线耦合过渡结构的实物图

对实物采用 Cascade EPS15 探针台和矢量网络分析仪（Rohde & Schwarz VNA40）进行测试，其仿真结果与测试结果对比如图 4.79 所示。从图中可以明显得到，在 43.13～113.39 GHz 频率范围内的 S_{21} 位于-2.3 dB 左右，最小损耗/最大损耗为-1.5 dB/-4.6 dB，分别出现在频率 46.9 GHz 和 108.5 GHz 处，且通带内的 S_{11} 优于-11.78 dB，相对带宽可达到 87.9%，仿真结果与测试结果基本一致。与环形谐振器背对背 Y 型槽线耦合过渡结构相比，不仅结构尺寸缩小了，而且相对带宽得到了改善。此外，表 4.6 总结了本设计与其他文献设计的超宽带槽线耦合过渡结构各参数性能的比较。

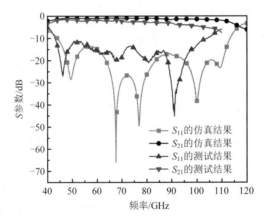

图 4.79 环形谐振器 H 型槽线耦合过渡结构的仿真结果与测试结果对比

表 4.6 本设计与其他文献设计的超宽带槽线耦合过渡结构各参数性能的比较

文献	带宽/GHz	（RL/IL）/dB	传输极点	结构	材质
[7]	3～11（114%）	12.5/≤1.3	2	两层	RO4003C
[9]	1～2.6（89%）	16.4/0.35	3	两层	RO4003C
[13]	2.1～3.6（53%）	18.3/≤2.5	3	两层	RT/Duroid 6010
[19]	3.15～8.25（81%）	15/≤0.7	3	两层	RO4003C

文献	带宽/GHz	（RL/IL）/dB	传输极点	结构	材质
本设计 1	43.53～104.5（84.9%）	11.9/≤5.3	5	三层	LCP
本设计 2	43.13～113.39（87.9%）	11.78/≤4.6	4	三层	LCP

4.5　本章总结

本章采用多层 LCP 电路板，在毫米波频段，对槽线耦合过渡结构进行了详细的研究与设计，其主要工作内容如下。

（1）首先，介绍了微带线-微带线槽线耦合过渡结构；然后，对微带线-微带线槽线多模谐振器的激发机制进行了详细的分析；最后，用等效电路模型分析法对其进行了分析。

（2）基于微带线-微带线槽线耦合过渡结构的分析，详细研究了槽线谐振器中高次模的激发机制，设计了 3 款宽带微带线-微带线槽线耦合过渡结构。首先，基于传统均匀双槽线耦合过渡结构，提出并设计了一款 T 型枝节线槽线耦合过渡结构。研究发现，当 T 型枝节线位于槽线中心位置时，激发了两个谐振模式。其中，整个滤波通带响应实际上可以看作两种谐振器频率响应的叠加。该过渡结构在 87.5～101.3 GHz 频率范围内的 S_{11} 优于-10 dB，S_{21} 位于-6.6 dB 左右。与仿真结果对比，测试结果向低频偏移，且 S_{11} 匹配出现了一定程度的恶化。分析表明，在加工制作过渡结构的过程中，多层 LCP 基板的压合会使黏合片软化变薄。

为了激励并使用谐振器更多的谐振模式，先后设计并实现了两款微带枝节加载槽线耦合过渡结构。一款为微带枝节加载槽线三模谐振器耦合过渡结构，使用传统的平行耦合馈电后，该过渡结构在 48.8～75.46 GHz 频率范围内的 S_{21} 位于-1.2 dB 左右，最大损耗为-2.4 dB，出现在频率 66.4 GHz 处，而 S_{11} 优于-13 dB；另一款为微带枝节加载槽线四模谐振器耦合过渡结构，使用双平行枝节加载槽线后，该过渡结构在 41.56～63.29 GHz 频率范围内的 S_{21} 位于-2.2 dB 左右，最大损耗为-4.43 dB，出现在频率 54.2 GHz 处，而 S_{11} 优于-6.3 dB。对上述这三款过渡结构进行加工制作，测试结果均表现出良好的宽带特性。

（3）基于微带线-微带线槽线耦合过渡结构，设计并实现了两款超宽带槽线耦合过渡结构。首先，基于传统环形谐振器均匀双槽线耦合过渡结构，提出并设计了一款环形谐振器背对背 Y 型槽线耦合过渡结构。该过渡结构在 43.53～104.5 GHz 频率范围内的 S_{21} 位于-2.2 dB 左右，最小损耗/最大损耗为-1.6 dB/-5.9 dB，分别出现在频率 51.26 GHz 和 105.5 GHz 处，且通带内的 S_{11} 优于-11.9 dB，相对带宽可达到 84.9%。然后，为了进一步减小该过渡结构的尺寸，提出并设计了一款环形谐振器 H 型槽线耦合过渡结构。改进后的过渡结构在 43.13～113.39 GHz 频率范围内的 S_{21} 位于-2.3 dB 左右，最小损耗/最大损耗为-1.5 dB/-4.6 dB，分别出现在频率 46.9 GHz 和 108.5 GHz 处，且通带内的 S_{11} 优于-11.78 dB，相对带宽可达到 87.9%。对这两个过渡结构进行加工制作，测试结果均表现出优异的超宽带特性。

4.6　参考文献

[1] 李健. 毫米波无线通信中的信道估计与波束对准技术研究[D]. 成都：电子科技大学，2021.

[2] 徐锐敏，陈志凯，赵伟. 微波集成电路的发展趋势[J]. 微波学报，2013，29（Z1）：55-60.

[3] 余巧玲，王万卷，潘永红，等. 液晶聚合物在工程塑料领域的研究进展[J]. 现代化工，2016，36（11）：19-23.

[4] 刘维红，关东阳，黄倩，等. 多层 LCP 基板中宽带槽线耦合结构的设计与实现[J]. 电子元件与材料，2022，41（12）：1318-1323.

[5] 杨樊. 基于微带–槽线过渡结构的无源超宽带器件设计[D]. 西安：西安电子科技大学，2015.

[6] TAO Z, SUN J, HUANG M, et al. Design of wideband slot‐coupled microstrip vertical transition[J]. International Journal of RF and Microwave Computer‐Aided Engineering, 2020, 30(4): e22118.

[7] SERCU J, FACHE N, LIBBRECHT F, et al. Mixed potential integral equation technique for hybrid microstrip-slotline multilayered circuits using a mixed rectangular-triangular mesh[J]. IEEE Transactions on Microwave Theory and Techniques, 1995, 43(5): 1162-1172.

[8] VANDENBERG N L, KATEHI L P B. Broadband vertical interconnects using slot-coupled shielded microstrip lines[J]. IEEE Transactions on Microwave Theory and Techniques, 1992, 40(1): 81-88.

[9] YANG L, ZHU L, CHOI W W, et al. Wideband microstrip-to-microstrip vertical transition with high filtering selectivity using open-circuited slotline SIR[J]. IEEE Microwave and Wireless Components Letters, 2017, 27(4): 329-331.

[10] LEI Z, MENZEL W, WU K, et al. Theoretical characterization and experimental verification of a novel compact broadband microstrip bandpass filter[C] Asia-pacific Microwave Conference: IEEE, 2001.

[11] ZHU L, BU H, WU K, et al. Miniaturized multi-pole broadband microstrip bandpass filter: concept and verification[C]. 2000 30th European Microwave Conference: IEEE, 2000.

[12] LI R, SUN S, ZHU L. Synthesis Design of Ultra-Wideband bandpass filters with composite series and shunt stubs[J]. IEEE Transactions on Microwave Theory and Techniques, 2009, 57(3): 684-692.

[13] YANG L, ZHU L, CHOI W W, et al. Wideband vertical microstrip‐to‐microstrip transition with three‐pole filtering response[J]. Microwave and Optical Technology Letters, 2015, 57(9): 2213-2216.

[14] GUO X, ZHU L, WU W. A Dual-Wideband differential filter on strip-loaded slotline resonators with enhanced coupling scheme[J]. IEEE Microwave and Wireless Components Letters, 2016, 26(11): 882-884.

[15] 郭欣. 基于混合传输线结构的多层平面差分滤波器的研究[D]. 南京：南京理工大学，2016.

[16] LIU Y, YU X, SUN S. Design of a wideband filtering power divider with stub-loaded ring resonator[C]. 2017 International Applied Computational Electromagnetics Society Symposium (ACES): IEEE, 2017.

[17] 陆禹薇. 基于微带槽线混合结构的复合功能微波器件的研究与设计[D]. 南京：南京邮电大学，2021.

[18] SUN SJ, SU T, DENG K, et al. Shorted-ended stepped-impedance dual-resonance resonator and its application to bandpass filters[J]. IEEE Transactions on Microwave Theory and Techniques, 2013, 61(9): 3209-3215.

[19] SUN SJ, SU T, DENG K, et al. Compact Microstrip dual-band bandpass filter using a novel stub-loaded quad-mode resonator[J]. IEEE Microwave and Wireless Components Letters, 2013, 23(9): 465-467.

[20] LEI Z, SHENG S, MENZEL W. Ultra-wideband (UWB) bandpass filters using multiple-mode resonator[J]. IEEE Microwave and Wireless Components Letters, 2005, 15(11): 796-798.

[21] SONG K, XUE Q. Novel broadband bandpass filters using Y-shaped dual-mode microstrip resonators[J]. IEEE Microwave and Wireless Components Letters, 2009, 19(9): 548-550.

第5章 基于LCP无源器件的设计与研究

随着电路系统不断朝着集成化、小型化发展，在电路设计的过程中需要大量无源器件。无源器件通常分为集总参数元件和分布参数元件。集总参数元件不受波长限制，并且其体积较小，常用于低频电路；而分布参数元件受到波长限制，常用于高频电路。本章基于4层LCP基板对集总参数电感、电容进行了系统的研究，并基于这些基础无源器件进行了滤波器的设计。

5.1 LCP无源电感的概述

电感是射频电路中一个重要的元件，它对于滤波器、压控振荡器（VCO）和低噪声放大器（LNA）尤为重要[1]，在电路中通常发挥着储能、滤波和阻抗匹配等重要作用。理想电感需要具备以下几个特性：① 高品质因数，以获得低功率损耗和高存储能量电感；② 高自谐振频率，以获得更加稳定的电感有效值；③ 高单位面积感值（在给定面积上获得高的感应值或感应电流密度），以获得较高的集成度。目前，在微波射频电路中，常见的电感主要有折线型电感、平面螺旋电感、堆叠式电感、位移式电感、水平螺旋电感和垂直螺旋电感。图5.1所示为6种常见电感的三维结构示意图。

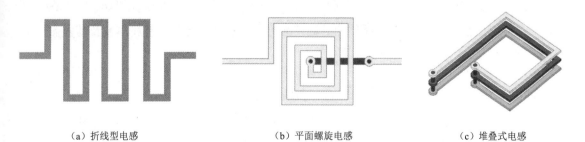

(a) 折线型电感　　　　　　　　　(b) 平面螺旋电感　　　　　　　　　(c) 堆叠式电感

图5.1　6种常见电感的三维结构示意图

（d）位移式电感 　　　　　（e）水平螺旋电感 　　　　　（f）垂直螺旋电感

图 5.1　6 种常见电感的三维结构示意图（续）

其中，图 5.1（a）和图 5.1（b）结构简单，但电感较小、面积较大、自谐振频率 SRF 较小；图 5.1（c）采用三维螺旋式结构设计，品质因数 Q 和自谐振频率有一定提高，但寄生电容较大；图 5.1（d）的寄生电容相对较小，但其线圈层数受到基板金属板数的限制[2]；图 5.1（e）通常为双层结构，面积适中，但未能充分利用多层基板的空间，不利于器件小型化；图 5.1（f）主要采用正多边形或圆形线圈进行多层结构设计，其面积很小，品质因数和自谐振频率很大，能减小电路损耗，提高电路性能，因而被广泛使用。

对于电感，人们通常关注的指标主要有电感的有效值（L_s）、自谐振频率和品质因数[3]。

（1）有效值。

电感的有效值主要是指电感在频率远小于自谐振频率时的值。其大小与电感的尺寸、形状等物理参数有关。当电感的频率远小于自谐振频率时，其值随频率变化较小，此时电感较稳定，也是电感的最佳使用范围，当大于自谐振频率时，电感有效值随频率变化剧烈，此时电感极不稳定；当电感的频率远超过自谐振频率时，电感由感性变为容性。

电感的有效值可以由输入端口导纳的虚部与角频率的比值得到，其公式为

$$L_s = \frac{\text{Im}\left[1 / Y_{12}(\omega)\right]}{\omega} \tag{5.1}$$

（2）品质因数。

电感的品质因数表示的是电感的储能和耗能之间的关系[4]，Q 值越大，表明电感的损耗越小；Q 值越小，表明电感的损耗越大。品质因数通常与电感的尺寸、形状、金属厚度及基板的介电常数等因素有关，其公式为

$$Q = \omega_0 \frac{W}{P_L} = \frac{\omega_0 L}{R} = \frac{1}{\omega_0 RC} \tag{5.2}$$

式中，W 表示谐振回路中的平均储能；P 表示谐振回路一个周期内的平均功耗。电感的品质因数也可以用 Y 参数表示，具体公式为

$$Q = \frac{\mathrm{Im}\left[\frac{1}{Y_{11}(\omega)} \right]}{\mathrm{Re}\left[\frac{1}{Y_{11}(\omega)} \right]} \tag{5.3}$$

（3）自谐振频率。

电感的自谐振频率是指电感从感性变为容性的频率转折点[4]，自谐振频率的大小会影响电感的最佳使用范围，当电感的有效值不变时，自谐振频率越大，说明电感越稳定。自谐振频率主要和电感的寄生电容有关，主要包括线圈之间的耦合电容和基于电感的对地寄生电容。在不考虑负载的情况下，电感的自谐振频率的计算公式为

$$\mathrm{SRF} = \frac{1}{2\pi} \cdot \frac{1}{\sqrt{L_s C}} \tag{5.4}$$

式中，L_s 表示电感的有效值；C 表示电感的寄生电容。

本章主要对水平螺旋电感、平面螺旋电感、8-shaped 型电感进行研究，其 π 型等效电路模型如图 5.2 所示。其中，L_s 为电感的有效值；R_1 为电感的等效电阻；C_1、C_2 为电感的对地寄生电容；C_3 为线圈之间的耦合电容。

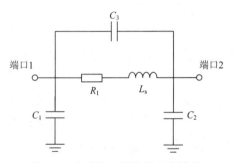

图 5.2　电感的 π 型等效电路模型

图 5.2 中的各参数可以由两个端口的 Y 参数得到，具体公式为

$$L_s = \frac{\mathrm{Im}\left[\frac{1}{Y_{12}(\omega)} \right]}{\omega} \tag{5.5}$$

$$R = \frac{1}{\mathrm{Re}\left[\frac{1}{Y_{12}(\omega)} \right]} \tag{5.6}$$

$$C_1 = \frac{\mathrm{Im}\left[Y_{11}(\omega) + Y_{12}(\omega) \right]}{\omega} \tag{5.7}$$

$$C_2 = \frac{\mathrm{Im}\left[Y_{22}(\omega) + Y_{12}(\omega) \right]}{\omega} \tag{5.8}$$

$$C_3 = \frac{1}{(\omega_2 L_s)} \tag{5.9}$$

由于线圈之间的耦合很小，因此等效电路中的耦合电容 C_3 通常可以忽略。上述公式一般在低频情况下使用，一旦频率超过其固有共振频率，上述公式就不再适用。

5.2　LCP 集总参数电感性能的研究

5.2.1　水平螺旋电感性能的研究

由前面关于电感的介绍可以看出，无源电感逐渐向高集成度、高品质因数的方向发展。传统平面螺旋电感和三维螺旋电感密度较低，若想取得较大的电感，必须以牺牲面积为代价。而水平螺旋电感可以有效利用基板垂直方向的空间，为实现高密度电感提供了可能性。该电感利用穿透基板的金属化通孔连接顶层和底层两层金属板，构成三维螺旋模型，与平面螺旋电感相比，这种类型的电感在形状上更接近螺旋管，且电感密度更高[5]。

本课题采用 4 层 LCP 基板进行水平螺旋电感的设计，电感线分别置于其中两层，并通过盲孔进行连接。此外，我们采用第 4 层金属板作为接地面，通过在接地面上蚀刻 DGS，增大电感，提升电感的品质因数，其三维结构示意图如图 5.3 所示。为了进一步探究水平螺旋电感物理参数与其性能之间的关系，本课题采用 ADS 软件和 HFSS 软件对电感进行仿真分析。水平螺旋电感的有效值 L_s 和品质因数 Q 主要由设计参数决定，可以通过调整不同的设计参数得到特定电感和特定面积的电感，采用控制变量法对电感性能参数进行研究，即每次只改变某一个设计参数，其他参数不变。

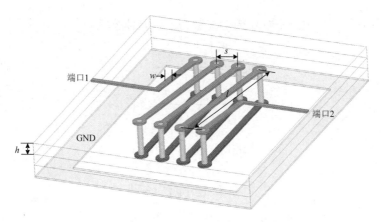

图 5.3　水平螺旋电感的三维结构示意图

（1）金属线长。

首先研究金属线长对电感性能的影响，在 HFSS 软件中对 4 种不同金属线长的水平螺旋电感进行设计，所有电感均采用两层金属线设计，分别分布在 4 层 LCP 基板的 Metal₁ 和 Metal₄，通过盲孔进行连接，电感的金属线宽 W 固定为 0.12 mm，线间距 S 固定为 0.4 mm，线圈匝数固定为 4，金属线长 l 分别设置为 2 mm、2.5 mm、3 mm、3.5 mm，分析不同金属线长对电感自谐振频率和品质因数的影响，制作完成的不同金属线长的水平螺旋电感的实物图如图 5.4 所示。

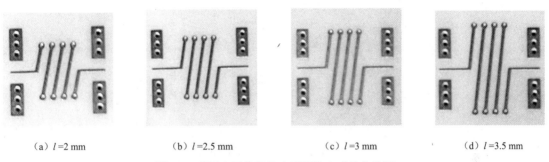

　（a）l =2 mm　　　　　（b）l =2.5 mm　　　　（c）l =3 mm　　　　（d）l =3.5 mm

图 5.4　不同金属线长的水平螺旋电感的实物图

图 5.5 所示为不同金属线长的水平螺旋电感的仿真结果，由仿真结果不难看出，当水平螺旋电感的金属线长 l 分别为 2 mm、2.5 mm、3 mm、3.5 mm 时，电感的自谐振频率为 6.47 GHz、5.6 GHz、4.98 GHz、4.35 GHz；品质因数的最大值 Q_{max} 为 70.67、63.2、57.86、57.96；当频率为 0.5 GHz 时，电感的有效值 L_s 为 7.2 nH、8.78 nH、9.83 nH、11.33 nH。说明在金属线长变化而其他参数不变的情况下，金属线长越长，电感的有效值越大，自谐振频率和品质因数越小。导致这种变化的原因是当金属线长增加时，电感的有效长度也会增加，电感的有效值增大。

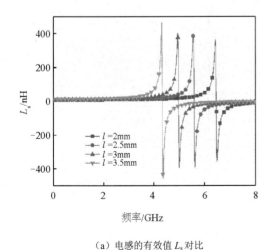

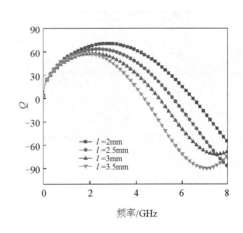

　　（a）电感的有效值 L_s 对比　　　　　　　　　　（b）电感的品质因数 Q 对比

图 5.5　不同金属线长的水平螺旋电感的仿真结果

（2）线圈匝数。

研究线圈匝数对电感性能的影响，在 HFSS 软件中对 4 种不同线圈匝数的水平螺旋电感进行设计。其中，电感的金属线分别位于 4 层 LCP 基板的 Metal$_1$ 和 Metal$_4$，电感的金属线长 l 固定为 2 mm，金属线宽 W 固定为 0.12 mm，线间距 S 固定为 0.4 mm，线圈匝数 NT 分别设置为 3、4、5、6。分析不同电感的线圈匝数对自谐振频率和品质因数的影响，制作完成的不同线圈匝数的水平螺旋电感的实物图如图 5.6 所示。

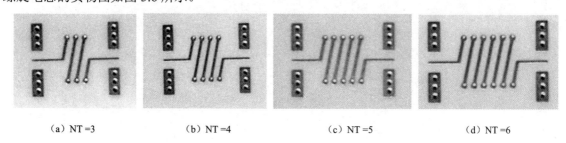

（a）NT = 3 （b）NT = 4 （c）NT = 5 （d）NT = 6

图 5.6　不同线圈匝数的水平螺旋电感的实物图

不同线圈匝数的水平螺旋电感的仿真结果如图 5.7 所示，由仿真结果不难看出，当线圈匝数分别为 3、4、5、6 时，电感的自谐振频率为 7.05 GHz、6.32 GHz、5.61 GHz、5.1 GHz；品质因数的最大值 Q_{max} 为 79.96、72.24、64.97、60.13；在 0.5 GHz 处，电感的有效值为 6.73 nH、7.74 nH、9.15 nH、10.38 nH。说明在电感线圈匝数变化而其他参数不变的情况下，线圈匝数越多，电感的有效值越大，自谐振频率和品质因数越小。导致这种变化的原因是当线圈匝数增加时，金属线之间的耦合电容及金属线的对地寄生电容会增大，电感的自谐振频率减小。

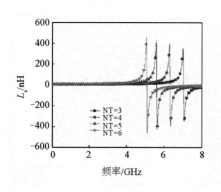

（a）电感的有效值 L_s 对比　　　　　　（b）电感的品质因数 Q 对比

图 5.7　不同线圈匝数的水平螺旋电感的仿真结果

（3）金属线宽。

研究金属线宽对电感性能的影响，在 HFSS 软件中对 4 种不同金属线宽的水平螺旋电感进行设计，其中，电感金属线位于 4 层 LCP 基板的 $Metal_1$ 和 $Metal_4$，金属线长 l 固定为 2 mm，线间距 S 固定为 0.4 mm，线圈匝数 NT 固定为 4，金属线宽 W 分别设置为 0.1 mm、0.12 mm、0.14 mm、0.16 mm。图 5.8 所示为不同金属线宽的水平螺旋电感的实物图。

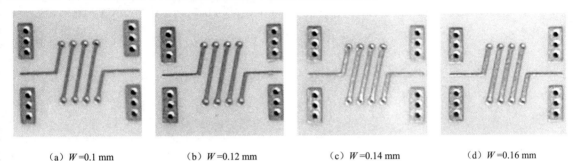

（a）W=0.1 mm　　　（b）W=0.12 mm　　　（c）W=0.14 mm　　　（d）W=0.16 mm

图 5.8　不同金属线宽的水平螺旋电感的实物图

不同金属线宽的水平螺旋电感的仿真结果如图 5.9 所示，由仿真结果不难看出，当水平螺旋电感的金属线宽 W 分别为 0.1 mm、0.12 mm、0.14 mm、0.16 mm 时，电感的自谐振频率为 6.27 GHz、6.32 GHz、6.52 GHz、6.61 GHz；品质因数的最大值 Q_{max} 为 68.55、72.25、75.18、77.3；在 0.5 GHz 处，电感的有效值为 7.93 nH、7.74 nH、7.38 nH、7.1 nH。说明在金属线宽变化而其他参数不变的情况下，金属线宽越大，电感的有效值越小，自谐振频率和品质因数越大。导致这种变化的原因是当金属线宽增大时，电感的欧姆损耗会减小，从而导致电感的品质因数增大。在水平螺旋电感的金属线宽从 0.1 mm 增大到 0.16 mm 的过程中，电感的自谐振频率稳定在 6.5 GHz 左右，可见金属线宽对水平螺旋电感的自谐振频率影响较小。

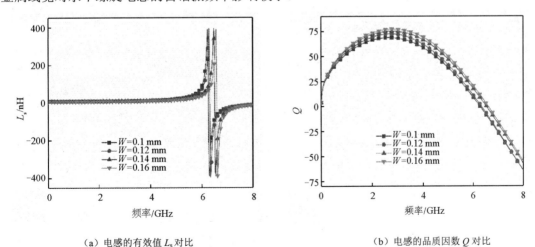

（a）电感的有效值 L_s 对比　　　　　　　　　　　（b）电感的品质因数 Q 对比

图 5.9　不同金属线宽的水平螺旋电感的仿真结果

（4）线间距。

研究线间距对电感性能的影响。在 HFSS 软件中对 4 种不同线间距的水平螺旋电感进行设计，电感金属线分别位于 4 层 LCP 基板的 Metal₁ 和 Metal₄，金属线长 l 固定为 2 mm，线圈匝数 NT 固定为 4，金属线宽 W 固定为 0.12 mm，线间距 S 分别设置为 0.4 mm、0.7 mm、1.0 mm、1.2 mm。图 5.10 所示为不同线间距的水平螺旋电感的实物图。

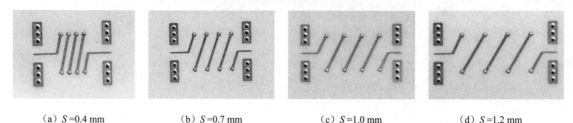

（a）S=0.4 mm   （b）S=0.7 mm   （c）S=1.0 mm   （d）S=1.2 mm

图 5.10　不同线间距的水平螺旋电感的实物图

图 5.11 所示为不同线间距的水平螺旋电感的仿真结果，由仿真结果不难看出，当水平螺旋电感的线间距 S 分别为 0.4 mm、0.7 mm、1.0 mm、1.2 mm 时，电感的自谐振频率为 6.32 GHz、5.96 GHz、5.36 GHz、5.01 GHz；品质因数的最大值 Q_{max} 为 72.21、72.95、76.28、73.46；在 0.5 GHz 处，电感的有效值为 7.74 nH、7.87 nH、8.98 nH、9.37 nH。说明在线间距变化而其他参数不变的情况下，线间距越大，电感的有效值越大，自谐振频率越小，而品质因数随着线间距的变化不明显。

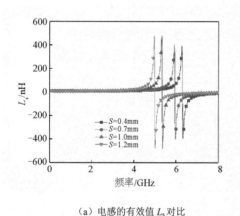

（a）电感的有效值 L_s 对比

（b）电感的品质因数 Q 对比

图 5.11　不同线间距的水平螺旋电感的仿真结果

（5）金属板间距。

研究不同金属板间距对电感性能的影响，在 HFSS 软件中对 3 种不同金属板间距的水平螺旋电感进行设计，电感金属线分别位于 4 层 LCP 基板的 Metal₁ 和 Metal₂、Metal₁ 和 Metal₃、Metal₁ 和 Metal₄，金属线长 l 固定为 2.5 mm，线圈匝数 NT 固定为 4，金属线宽 W 固定为 0.12 mm，线

间距 S 固定为 0.4 mm。

图 5.12 所示为不同金属板间距的水平螺旋电感的仿真结果，由仿真结果不难看出，当水平螺旋电感的金属板间距分别为 Metal$_1$ 和 Metal$_2$、Metal$_1$ 和 Metal$_3$、Metal$_1$ 和 Metal$_4$ 时，电感的自谐振频率为 7.05 GHz、6.17 GHz、5.6 GHz；品质因数的最大值 Q_{max} 为 44.55、57.53、63.2；在 0.5 GHz 处，电感的有效值为 6.22 nH、7.8 nH、8.78 nH。说明在金属板间距变化而其他参数不变的情况下，金属板间距越大，电感的有效值和品质因数越大，自谐振频率越小。从图 5.12（b）中可以看出，当频率小于 4 GHz 时，随着金属板间距的增大，品质因数随之增大，当频率大于 4 GHz 时，随着金属板间距的增大，品质因数急剧减小。这是因为，当频率较大时，电感的欧姆损耗随着金属板间距的增大急剧增大，金属板间距增大意味着介质厚度增大，从而导致介质损耗增大。此时，金属板间距越大，品质因数越小。

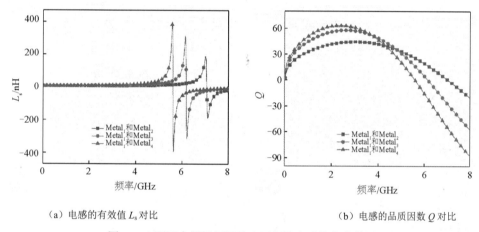

（a）电感的有效值 L_s 对比　　　　　　　　（b）电感的品质因数 Q 对比

图 5.12　不同金属板间距的水平螺旋电感的仿真结果

根据仿真结果可以看出，随着水平螺旋电感物理参数的变化，其性能也会发生变化。随着金属线长的增大，电感的有效值 L_s 增大，自谐振频率和品质因数减小；随着金属线宽的增大，电感的有效值 L_s 减小，自谐振频率和品质因数增大；随着线间距的增大，电感的有效值 L_s 增大，自谐振频率减小，但此时品质因数变化不明显。然而，水平螺旋电感的有效值较小，其品质因数大多为 60～70，相对较小，这将对滤波器电路的性能产生影响。因此，我们接下来研究一种高品质因数的平面螺旋电感。

5.2.2　平面螺旋电感性能的研究

对于平面螺旋电感，其受到的损耗主要来自电感本身和衬底，这些损耗会影响电感的性能，导致电感品质因数减小，而高品质因数的电感是决定射频集成电路性能的关键因素之一，因此本节提出一种变线宽/变线距的新型平面螺旋电感。与传统的定线宽/定线距的螺旋电感相比，这种电感能有效地提高电感的品质因数。

在平面螺旋电感的设计中，当电感的线间距和外径均不变时，电感的有效值会随线圈匝数的增加而增大；而由于线圈匝数的增加会导致线圈面积增大，因此需要在线圈面积和线圈密度之间进行权衡。此外，与边缘区域相比，电感的磁场强度在核心区域内更强，因此，当电感内部线圈密度较大时，线圈遭受的损耗增大。为了优化这一问题，本节提出了布局优化的变线宽/定间距的平面螺旋电感。这种电感可以在固定区域内增加线圈匝数，从而增大电感的有效值。由于电感外圈金属线宽增大，电感本身欧姆损耗减小，而此时电感内圈金属线宽减小，磁损耗减少，在这种情况下，增加线圈的匝数，品质因数不会显著减小。

为了准确评估平面螺旋电感性能指标的改进，本节将分别对 3 种不同结构的平面螺旋电感进行研究，即定线宽/定线距（CWCS）电感、变线宽/定线距（VWCS）电感、变线宽/变线距（VWVS）电感。本课题基于多层 LCP 技术进行设计，所有电感的外径、材料（包括基板、黏合层、金属板）均相等，如图 5.13 所示。LCP 基板的介电常数为 2.9，基板厚度为 0.025 mm，采用顶层金属板作为电感层，第 4 层金属板作为 GND，两层金属板厚度均为 0.025 mm。通过改变电感线圈匝数 NT，以证明变线宽/变线距的结构可以提高平面螺旋电感的性能。在 HFSS 软件中对电感的三维模型进行仿真，并对其有效值 L_s 和品质因数 Q 进行提取[6]，具体公式为

（a）定线宽/定线距电感（NT=3.5）

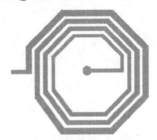
（b）变线宽/定线距电感（NT=3.5）

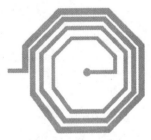
（c）变线宽/变线距电感（NT=3.5）

（d）定线宽/定线距电感（NT=5.5）

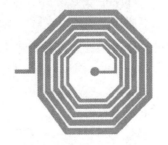
（e）变线宽/定线距电感（NT=5.5）

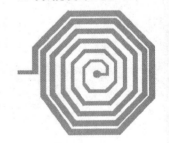
（f）变线宽/变线距电感（NT=5.5）

图 5.13 线圈匝数分别为 3.5 和 5.5 的 3 种不同结构的平面螺旋电感

$$L = \frac{1}{2\pi f} \cdot \mathrm{Im}\left(\frac{1}{Y_{12}}\right) \tag{5.10}$$

$$Q = \frac{\mathrm{Im}\left[\frac{1}{Y_{11}(\omega)}\right]}{\mathrm{Re}\left[\frac{1}{Y_{11}(\omega)}\right]} \tag{5.11}$$

在 HFSS 软件中对 7 种不同线圈匝数定线宽/定线距的平面螺旋电感进行设计，其实物图如图 5.14 所示。系统地分析了改变线圈匝数对定线宽/定线距的平面螺旋电感性能的影响。其中，端口连接线宽 W_1=0.1 mm，线圈宽度 W_2=0.18 mm，线间距 S=0.08 mm，线圈匝数 NT 分别设置为 2.5、3、3.5、4、4.5、5、5.5，形状为正八边形，所有结构均采用 3 层结构。

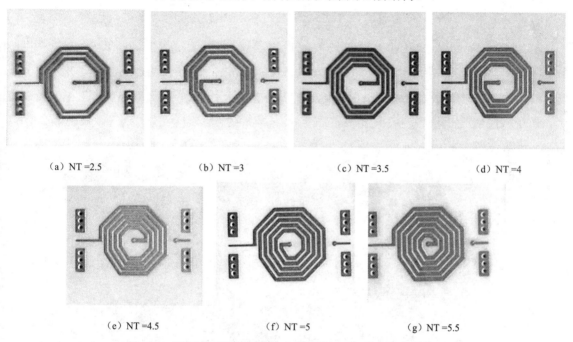

(a) NT =2.5　　　　(b) NT =3　　　　(c) NT =3.5　　　　(d) NT =4

(e) NT =4.5　　　　(f) NT =5　　　　(g) NT =5.5

图 5.14　不同线圈匝数定线宽/定线距的平面螺旋电感的实物图

图 5.15 所示为不同线圈匝数定线宽/定线距的平面螺旋电感的仿真结果。由仿真结果不难看出，当线圈匝数 NT 分别为 2.5、3、3.5、4、4.5、5、5.5 时，电感的自谐振频率为 1.82 GHz、1.57 GHz、1.45 GHz、1.35 GHz、1.3 GHz、1.26 GHz、1.23 GHz；品质因数的最大值 $Q_{\max}$ 为 101.12、96.12、89.9、84.58、80.05、72.52、66.55；在 0.5 GHz 处，电感的有效值为 32.13 nH、40.7 nH、46.47 nH、53.48 nH、57.6 nH、61.4 nH、62.9 nH；随着线圈匝数的增加，定线距的平面螺旋电感的有效值增大，自谐振频率和品质因数减小；当线圈匝数 NT 分别为 2.5 和 5 时，其品质因数的最大值 $Q_{\max}$ 相差 34.57。

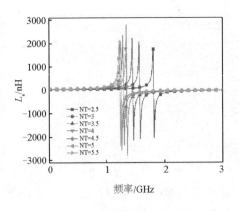

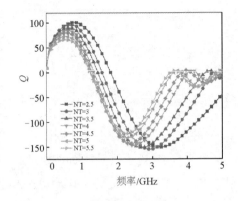

（a）电感的有效值 L_s 对比 　　　　　　（b）电感的品质因数 Q 对比

图 5.15　不同线圈匝数定线宽/定线距的平面螺旋电感的仿真结果

在 HFSS 软件中对 7 种不同线圈匝数变线宽/定线距的平面螺旋电感进行设计，其实物图如图 5.16 所示。系统地分析了改变线圈匝数对电感性能的影响。其中，端口连接线宽 W_1=0.1 mm，线圈宽度 W_2=0.18 mm，线间距 S=0.08 mm，线圈匝数 NT 分别设置为 2.5、3、3.5、4、4.5、5、5.5，所有结构均采用 3 层结构。

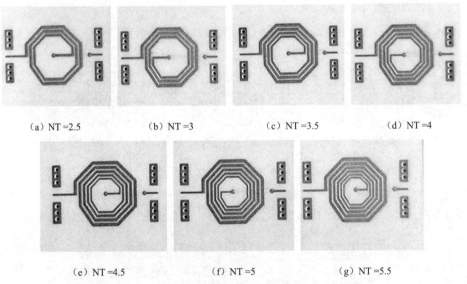

（a）NT =2.5　　　　　（b）NT =3　　　　　（c）NT =3.5　　　　　（d）NT =4

（e）NT =4.5　　　　　　（f）NT =5　　　　　　（g）NT =5.5

图 5.16　不同线圈匝数变线宽/定线距的平面螺旋电感的实物图

图 5.17 所示为不同线圈匝数变线宽/定线距的平面螺旋电感的仿真结果。由仿真结果不难看出，当线圈匝数 NT 分别为 2.5、3、3.5、4、4.5、5、5.5 时，电感的自谐振频率为 1.78 GHz、1.52 GHz、1.38 GHz、1.24 GHz、1.17 GHz、1.09 GHz、1.04GHz；品质因数的最大值 Q_{max} 为 99.03、95.93、94.03、90.58、85.66、81.45、79.34；在 0.5 GHz 处，电感的有效值为 33.65 nH、43.97 nH、

52.06 nH、63.27 nH、71.67 nH、82.86 nH、90.97 nH；随着线圈匝数的增加，变线宽/定线距的平面螺旋电感的有效值增大，自谐振频率和品质因数减小；当线圈匝数 NT 分别为 2.5 和 5 时，其品质因数的最大值 Q_{max} 相差 19.69。

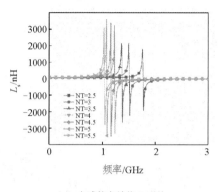
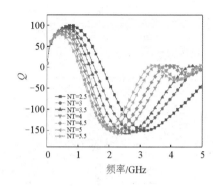

（a）电感的有效值 L_s 对比　　　　　　　　　　（b）电感的品质因数 Q 对比

图 5.17　不同线圈匝数变线宽/定线距的平面螺旋电感的仿真结果

在 HFSS 软件中对 7 种不同线圈匝数变线宽/变线距的平面螺旋电感进行设计，其实物图如图 5.18 所示。系统地分析了改变线圈匝数对变线宽/变线距的平面螺旋电感性能的影响。其中，端口连接线宽 W_1=0.1 mm，线圈宽度 W_2=0.18 mm，线间距 S=0.08 mm，线圈匝数 NT 分别设置为 2.5、3、3.5、4、4.5、5、5.5，所有结构均采用 3 层结构。

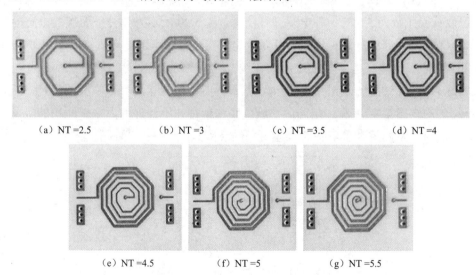

（a）NT =2.5　　　　（b）NT =3　　　　（c）NT =3.5　　　　（d）NT =4

（e）NT =4.5　　　　（f）NT =5　　　　（g）NT =5.5

图 5.18　不同线圈匝数变线宽/变线距的平面螺旋电感的实物图

图 5.19 所示为不同线圈匝数变线宽/变线距的平面螺旋电感的仿真结果。由仿真结果不难看出，当线圈匝数 NT 分别为 2.5、3、3.5、4、4.5、5、5.5 时，电感的自谐振频率为 1.84 GHz、1.61 GHz、

1.5 GHz、1.4 GHz、1.35 GHz、1.31 GHz、1.3 GHz；品质因数的最大值 Q_{max} 为 98.35、96.52、92.93、90.56、85.2、82.69、80.05；在 0.3 GHz 处，电感的有效值为 32.28 nH、40.43 nH、45.54 nH、51.81 nH、55.02 nH、58.03 nH、58.8 nH；随着线圈匝数的增加，变线宽/变线距的平面螺旋电感的有效值增大，自谐振频率和品质因数减小；当线圈匝数分别为 2.5 和 5 时，其品质因数的最大值 Q_{max} 相差18.3。由此可见，相比传统定线宽/定线距的平面螺旋电感，变线宽/变线距的平面螺旋电感具有更稳定的品质因数。

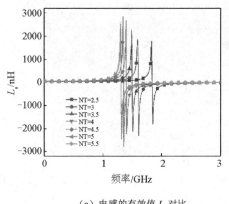

（a）电感的有效值 L_s 对比

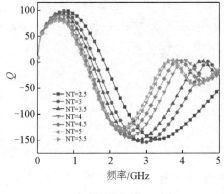

（b）电感的品质因数 Q 对比

图 5.19　不同线圈匝数变线宽/变线距的电感的仿真结果

为了进一步说明变线宽/定线距的平面螺旋电感和变线宽/变线距的平面螺旋电感性能的优越性，本节选取线圈匝数为 5.5 的 3 种电感进行仿真。图 5.20 所示为 3 种平面螺旋电感的有效值 L_s 和品质因数 Q 的特性曲线对比。从图中可以看出，在同一频率下，变线宽/定线距的电感的有效值最大。在最佳使用频率 f_{max} 下，改进后的变线宽/定线距的电感和变线宽/变线距的电感的 Q_{max} 达到最优。这是因为在所提出的电感结构中，其最内圈的线圈宽度可以减少磁损耗，从而增大品质因数。不均匀的线圈宽度 W 和恒定的最小线间距 S 使得在不额外增大电感面积的情况下具有更多的线圈匝数 NT，从而增大了电感的有效值和品质因数。

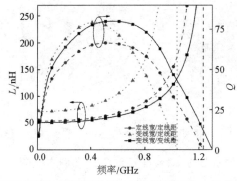

图 5.20　3 种平面螺旋电感的有效值 L_s 和品质因数 Q 的特性曲线对比

上述电感虽然具有较好的品质因数，但其自谐振频率较小、面积较大，不符合目前小型化的需求。此外，该电感占用了多层 LCP 基板的第 1 层金属板，不能充分利用多层 LCP 基板的空间。因此，我们需要找出一种体积小、品质因数大、稳定的电感，接下来我们将对 8-shaped 型电感进行研究。

5.2.3　8-shaped 型电感性能的研究

随着微波射频电路不断向着高密度集成的方向发展，很多元器件被集成在一起，这意味着不同元器件之间的距离会减小，尤其是电感。而减小电感之间的距离会导致它们之间产生更强的磁耦合，从而产生串扰，高频时串扰现象更为明显。因此，减小电感之间存在的串扰现象是至关重要的。传统的方法是通过增大电感之间的距离来减小不同电感之间的磁耦合，但是这种方法增大了电路面积，与目前小型化的初衷相违背，因此很少被使用。8-shaped 型电感作为一种新型电感，其本身形状可以看作由传统的八边形螺旋电感扭曲而成，可以被用来减小附近电感之间的磁耦合。这是因为该电感结构上下线圈对称且拒绝任何共模磁场，同时由于其具有扭曲性质，因此会产生远离线圈本身的磁场[7]。

图 5.21 所示为 8-shaped 型电感的三维结构示意图，该电感由两个扭曲的回路组成，这两个回路中的电流大小相等、方向相反，产生的磁场大小相等但极性相反。这意味着两个磁场可以相互抵消，8-shaped 型电感整体的磁场在接近电感本身的地方消失，因此减小了对附近电感的磁耦合。接下来我们将通过仿真分析进一步探究电感物理参数对 8-shaped 型电感的有效值和品质因数的影响。

图 5.21　8-shaped 型电感的三维结构示意图

本节主要基于多层 LCP 技术进行电感的制作。首先在 HFSS 软件中对 5 种不同单边线长的 8-shaped 型电感进行设计，其实物图如图 5.22 所示。分析了电感单边线长的改变对电感的有效值 L_s 和品质因数 Q 的影响。其中，电感金属线宽 W=0.2 mm，电感线位于 Metal$_1$、Metal$_2$ 和 Metal$_4$，单边线长 l 分别设置为 1 mm、1.25 mm、1.5 mm、1.75 mm、2 mm。

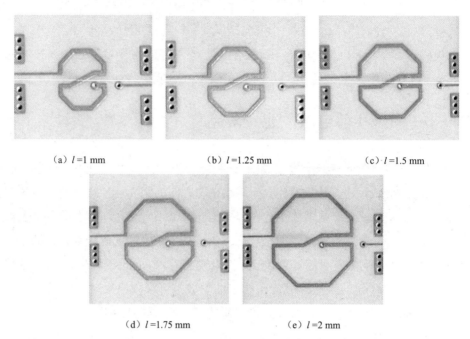

（a）l=1 mm　　　　　　（b）l=1.25 mm　　　　　　（c）l=1.5 mm

（d）l=1.75 mm　　　　　　（e）l=2 mm

图 5.22　不同单边线长的 8-shaped 型电感的实物图

图 5.23 所示为不同单边线长的 8-shaped 型电感的仿真结果。由仿真结果不难看出，当电感单边线长 l 分别为 1 mm、1.25 mm、1.5 mm、1.75 mm、2 mm 时，电感的自谐振频率为 1.84 GHz、1.4 GHz、1.15 GHz、0.99 GHz、0.75 GHz；品质因数的最大值 Q_{max} 为 76.44、72.27、66.4、57.05、48.55；在 0.3 GHz 处，电感的有效值为 21.99 nH、31.43 nH、43.22 nH、56.51 nH、59.9 nH。这说明电感单边线长越长，其电感的有效值越大，自谐振频率和品质因数越小。

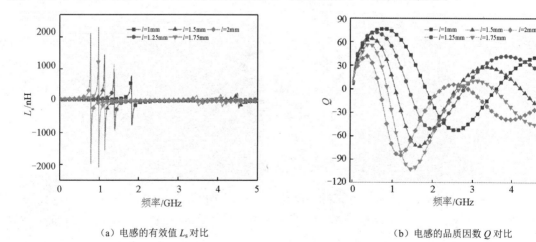

（a）电感的有效值 L_s 对比　　　　　　（b）电感的品质因数 Q 对比

图 5.23　不同单边线长的 8-shaped 型电感的仿真结果

接下来我们设计和制作了 5 种不同金属线宽的 8-shaped 型电感，其实物图如图 5.24 所示。分析了不同金属线宽对电感的有效值 L_s 和品质因数 Q 的影响。其中，单边线长 l 设置为 1 mm，电感线位于 $Metal_1$、$Metal_2$ 和 $Metal_4$，电感线宽 W 分别设置为 0.1 mm、0.15 mm、0.2 mm、0.25 mm、0.3 mm。

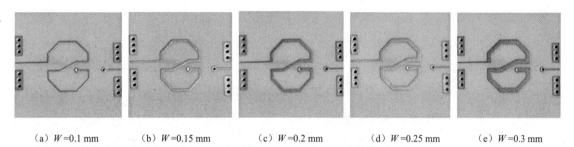

　　（a）W=0.1 mm　　　（b）W=0.15 mm　　　（c）W=0.2 mm　　　（d）W=0.25 mm　　　（e）W=0.3 mm

图 5.24　不同金属线宽的 8-shaped 型电感的实物图

图 5.25 所示为不同金属线宽的 8-shaped 型电感的仿真结果。由仿真结果不难看出，当电感线宽 W 分别为 0.1 mm、0.15 mm、0.2 mm、0.25 mm、0.3 mm 时，电感的自谐振频率为 2.06 GHz、1.92 GHz、1.83 GHz、1.8 GHz、1.76 GHz；品质因数的最大值 Q_{max} 为 84.23、81.5、77.37、75.55、70.7；在 0.3 GHz 处，电感的有效值为 28.2 nH、25.32 nH、22.3 nH、21.65 nH、20.89 nH。说明电感金属线宽越宽，其电感的有效值越大，自谐振频率和品质因数越小。

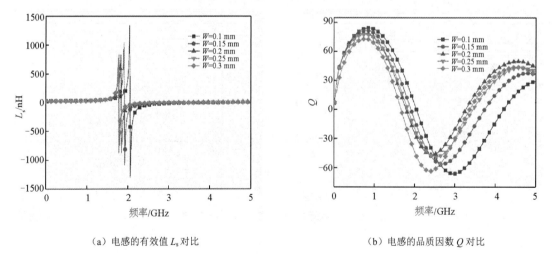

　　　　（a）电感的有效值 L_s 对比　　　　　　　　　　（b）电感的品质因数 Q 对比

图 5.25　不同金属线宽的 8-shaped 型电感的仿真结果

为了更加清楚地表明 8-shaped 型电感性能的优越性，本节设计了 3 种不同类型的电感，其俯视图如图 5.26 所示。所有电感都设计在基板厚度为 0.25 mm 的 4 层 LCP 基板中，并具有相同的金属堆叠。

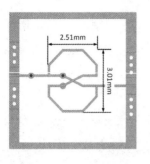

（a）28.17 nH 8-shaped 型电感

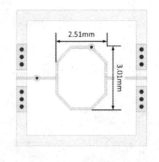

（b）19.91 nH 八边形多层螺旋电感

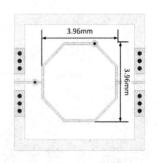

（c）28.17 nH 正八边形多层螺旋电感

图 5.26　3 种不同类型电感的俯视图

上述 3 种不同类型电感的仿真结果如图 5.27 所示，从图中可以看出，当电感的尺寸为 2.51 mm×3.01 mm 时，8-shaped 型电感的有效值为 28.17 nH，八边形多层螺旋电感的有效值为 19.91 nH。这是因为与传统的多层螺旋电感相比，8-shaped 型电感增大了金属线长，而电感的有效值与金属线长有关，金属线长越大，有效值越大。但是当电感的有效值为 28.17 nH 时，8-shaped 型电感的品质因数小于八边形多层螺旋电感的品质因数，造成这种现象的原因是 8-shaped 型电感比八边形多层螺旋电感具有更长的轨迹，意味着其串联电阻更大，从而产生更大的损耗[8]。考虑到滤波器小型化设计的要求，本节主要采用 8-shaped 型电感进行 UHF 波段低通滤波器的设计。

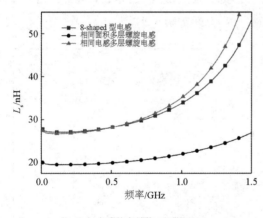

（a）电感的有效值 L_s 对比

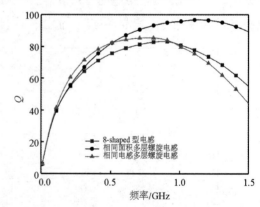

（b）电感的品质因数 Q 对比

图 5.27　3 种不同类型电感的仿真结果

5.3　LCP 分布式电感性能的研究

在 UHF 滤波器的设计过程中，集总参数电感的大小会受到自谐振频率的限制。由于 LCP 滤波器腔体内的空间有限，并且随着滤波器的设计不断朝着小型化发展，我们通常用直线型电感实现较小的电感值[9]。图 5.28 所示为直线型电感的结构图。

图 5.28　直线型电感的结构图

直线型电感的结构简单，并且分布参数计算相对简单，其公式为

$$L = 2 \times 10^{-4} \left[\ln\left(\frac{l}{W+t}\right) + 1.193 + 0.2235 \frac{W+t}{t} \right] K_g \tag{5.12}$$

其等效电阻为

$$R = \frac{R_s l}{2(W+t)} \left[1.4 + 0.217 \ln\left(\frac{W}{5t}\right) \right], \quad 5 < \frac{W}{t} < 100 \tag{5.13}$$

$$K_g = 0.57 - 0.145 \ln\left(\frac{W}{h}\right), \quad \frac{W}{h} > 0.05 \tag{5.14}$$

式中，l 表示微带线长度；W 代表微带线宽度；R_s 代表微带线单位面积的电阻；K_g 表示当接地面靠近微带线时的修正因子；h 表示接地面的厚度。在电感设计过程中，其与接地面之间会产生寄生电容，这会对电感的性能产生一定影响，并且寄生电容随着电感耦合面积和耦合强度的改变而改变。因此，在直线型电感的设计过程中，需要衡量元件的参数，在保证电感性能的前提下，尽量减小寄生电容。

图 5.29 所示为折线型电感的结构图，该类型电感可以在有限平面内实现较大的电感值。由于内部导体之间的耦合很小，因此图 5.2 等效电路中的寄生电容 C_3 通常可以忽略[10]。

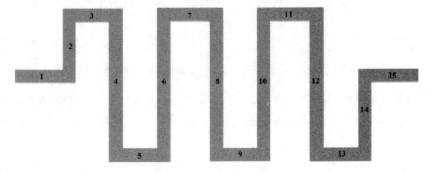

图 5.29　折线型电感的结构图

寄生电容的计算公式为

$$C_s = \frac{\varepsilon_0 \cdot \varepsilon_r \cdot W \cdot l}{h} \tag{5.15}$$

式中，W 表示金属线宽；l 表示总金属线长；h 表示对地高度；ε_r 表示基板的相对介电常数；ε_0 表示真空中的介电常数。

（1）串联电阻 R_s 的计算公式为

$$R_s = \frac{\rho \cdot l}{d \cdot W} \tag{5.16}$$

式中，W 表示金属线宽；l 表示总金属线长；d 表示金属线厚度；ρ 表示金属的电阻系数。

（2）电感有效值 L_s 的计算公式为

$$L_s = 2l\left(\ln \frac{2l}{t+d} + 0.5 + \frac{t+d}{3l} \right) \tag{5.17}$$

从结构图不难看出，折线型电感主要由若干直线型电感组成，其各部分电感值的计算公式如式（5.17）所示。其中，l 表示其中某段直线型电感的长度，t 表示金属线宽，d 表示金属线厚度。折线型电感的总电感值为

$$\sum L_s = l_1 + l_2 + l_3 + \cdots + l_{14} + l_{15} \tag{5.18}$$

（3）互感的计算公式为

$$Q = \ln\left[\frac{1}{s} + \sqrt{1 + \frac{l^2}{s^2}} - \sqrt{1 + \frac{s^2}{l^2}} + \frac{s}{l} \right] \tag{5.19}$$

式中，l 为某段直线型电感的长度；s 表示两线段之间的距离。

与集总电感相比，直线型电感和折线型电感的品质因数较大。折线型电感可以在较小的平面内，通过耦合形成较大的电感值。而直线型电感虽然结构简单，但其无法形成较大的电感值。

5.4 垂直叉指电容的概述

在微波电路中，电容是基础的无源器件，也是射频电路中的一个重要构成部件，其在网络阻抗匹配、电路的调谐及滤波器的设计方面有着非常广泛的应用。本节以多层 LCP 技术为基础，将垂直叉指电容（Vertically Interdigitated Capacitor，VIC）嵌入多层 LCP 衬底，设计并制作了一系列不同大小、不同形状的垂直叉指电容。为了减小垂直叉指电容的对地寄生效应，创新性地引入了 DGS 结构。此外，本节使用 Π 型等效电路模型对垂直叉指电容进行等效，并进行参数提取，详细研究不同尺寸及不同极板形状下电容有效值、寄生电容、等效电阻和寄生电感的变化，为后续滤波器的设计打下坚实的基础。

图 5.30 所示为目前微波射频电路中常见的 3 种电容的三维结构示意图。

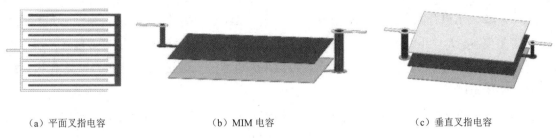

（a）平面叉指电容　　　　　　　（b）MIM 电容　　　　　　　（c）垂直叉指电容

图 5.30　常见的 3 种电容的三维结构示意图

平面叉指电容是由共面叉指电极横向电磁场耦合形成的交叉指状电容，通常用于平面微波集成电路及传感器的设计[11]；MIM（Metal Insulator Metal）电容与常规的平板电容相似，但其电容值更大，通常用作多层电路的内埋元件；垂直叉指电容是一种多层结构的交叉指状电容，其电路结构类似多个 MIM 电容并联，它可以充分地利用多层 LCP 基板的三维空间，具有较低的尺寸、较高的品质因数和较大的电容值，因而经常被应用于以多层 LCP 基板为基础的高集成度微波器件的构造。本课题主要对 UHF 波段进行研究，该波段内频率较低、波长较长。考虑到滤波器的小型化需求及电路中电容的有效值和自谐振频率的限制，本节将使用垂直叉指电容进行 UHF 波段的多层 LCP 滤波器的设计，接下来我们通过仿真分析对垂直叉指电容的性能参数进行探究。

5.5　垂直叉指电容性能的研究

5.5.1　电容 Π 型等效电路模型的分析

垂直叉指电容的主要性能指标包括电容的有效值 C_s 和自谐振频率 SRF，这些参数直接影响着电容性能。此外，垂直叉指电容本身存在很多寄生参数，也会对电容性能产生影响，因此，建立其等效电路模型对垂直叉指电容性能的探究具有重要意义。由于本课题主要在 UHF 波段对电容性能进行研究，故选择传统的 Π 型等效电路模型对垂直叉指电容进行分析，该电路结构较为简单，并且准确性相对较高，如图 5.31 所示。

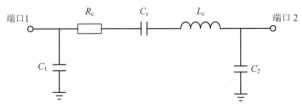

图 5.31　垂直叉指电容 Π 型等效电路

其中，C_s 表示电容的有效值，R_c 为串联电阻，一般表示金属导体损耗，C_1 和 C_2 为电容极板的对地寄生电容，L_c 为电容引出端产生的寄生电感，在频率较大时，电容的有效值 C_s 与寄生电感 L_c 会发生串联谐振，其发生谐振时的自谐振频率为电容的自谐振频率 SRF，该频率限制了电容的可用频率范围。

此时，等效电路中的各参数可通过微波网络导纳参数进行计算，具体公式为

$$C_s = \frac{\text{Im}\left[Y_{11}(\omega)\right]}{\omega} \tag{5.20}$$

$$R_c = -\text{Re}\left[1/Y_{11}(\omega)\right] \tag{5.21}$$

$$C_1 = \frac{\text{Im}\left[Y_{11}(\omega) + Y_{12}(\omega)\right]}{\omega} \tag{5.22}$$

$$C_2 = \frac{\text{Im}\left[Y_{22}(\omega) + Y_{21}(\omega)\right]}{\omega} \tag{5.23}$$

$$L_c = \frac{1}{\omega_{\text{SRF}}^2 \times C_s} \tag{5.24}$$

$$Q = \frac{\text{Im}\left[Y_{11}(\omega)\right]}{\text{Re}\left[Y_{11}(\omega)\right]} \tag{5.25}$$

在滤波器的设计过程中，尤其是集总参数滤波器的设计中，不仅有并联形式的二端口垂直叉指电容，还有单端接地的串联形式电容。对于单端接地电容，可以假设端口 2 接地，此时 C_2 短路，等效电路如图 5.32 所示，C_1 为端口 1 的对地寄生电容，C_1 与 R_c、L_c、C_s 共同形成并联谐振电路，但 C_1 远小于 C_s，因此通常可以忽略[12]。

图 5.32 所示为单端接地的垂直叉指电容 Π 型等效电路，其整体为并联结构。电路中各参数的计算公式为

$$C_s = \frac{\text{Im}\left[Y_{11}(\omega)\right]}{\omega} \tag{5.26}$$

$$R_c = \text{Re}\left[1/Y_{11}(\omega)\right] \tag{5.27}$$

$$L_c = \frac{1}{\omega_{\text{SRF}}^2 \times C_s} \tag{5.28}$$

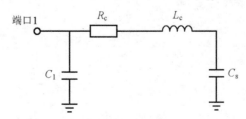

图 5.32　单端接地的垂直叉指电容 Π 型等效电路

此时的 C_1 表示与端口 1 的金属线连接的电容极板对地寄生电容，可以通过传统电容公式计算出 C_1，计算公式为

$$C_1 = \frac{\varepsilon_0 \varepsilon_r S}{d_1} + \frac{\varepsilon_0 \varepsilon_r S}{d_2} + \cdots + \frac{\varepsilon_0 \varepsilon_r S}{d_n} \tag{5.29}$$

式中，ε_0 表示真空介电常数；ε_r 表示基板的相对介电常数；S 表示垂直叉指电容极板的面积；$d_1, d_2, \cdots, d_n$ 表示电容极板之间的距离，该公式一般在低频时计算使用。在电容的设计过程中，除了电容的有效值，自谐振频率 SRF 和品质因数 Q 也是需要重点关注的参数。电容自谐振频率的大小关系到电容有效值的可用范围，在进行设计时，一般要使所需的电容值尽可能远离自谐振点。这样，电容才能在实际滤波器中发挥作用。

5.5.2　二端口电容结构参数的分析

图 5.33 所示为应用于 UHF 波段的 10.11 pF 的垂直叉指电容的三维结构示意图。该电容采用 4 层 LCP 基板进行设计，其中 Metal$_1$、Metal$_2$、Metal$_3$ 作为电容极板的金属板，Metal$_4$ 作为接地面，电容极板的面积为 2 mm×2 mm，Metal$_1$、Metal$_4$ 金属板厚度为 0.025 mm，Metal$_2$、Metal$_3$ 金属板厚度为 0.012 mm。为了实现信号互连，在电容极板两端分别设计了 1～3 层盲孔和 1～2 层盲孔。在 HFSS 软件中对该电容进行电磁仿真，仿真结果如图 5.34 所示。从图 5.34 中可以看出，该电容的自谐振频率为 1.56 GHz，在 0～0.8 GHz 频率范围内，其电容有效值变化幅度较小，约为 10.11 pF。当频率接近自谐振频率时，其电容有效值变化较大，几乎呈线性增加；当频率大于自谐振频率时，电容变为电感。电感的品质因数 Q 随着频率的增大呈现先增大后减小的趋势，并在频率 0.21 GHz 处达到最大值；当频率为 1.56 GHz 时，电感的品质因数 Q 降为 0。

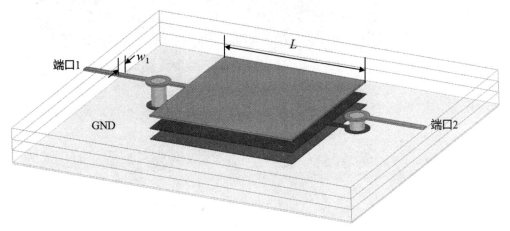

图 5.33　10.11 pF 的垂直叉指电容的三维结构示意图

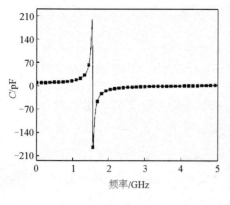 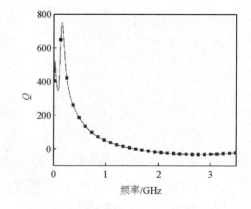

（a）电容有效值 C 随频率变化的曲线　　　　　（b）电感的品质因数 Q 随频率变化的曲线

图 5.34　10.11 pF 的垂直叉指电容的电磁仿真结果

由于本课题采用的 4 层 LCP 基板可用的金属板数及相邻金属板之间的距离是固定的，因此，主要通过改变电容金属板形状和金属板面积对垂直叉指电容进行研究。

首先对二端口垂直叉指电容进行研究。本节主要使用 HFSS 软件对二端口正方形垂直叉指电容的三维模型进行设计；垂直叉指电容的有效极板数为 3，分别位于 4 层 LCP 基板的 Metal$_1$、Metal$_2$、Metal$_3$，极板两侧端口连接的微带线宽度为 0.1 mm。保证其他参数不变，将电容极板边长 l 设为 1.5 mm、2 mm、2.5 mm、3 mm、3.5 mm，分析电容极板边长对二端口正方形垂直叉指电容性能的影响，其实物图如图 5.35 所示。

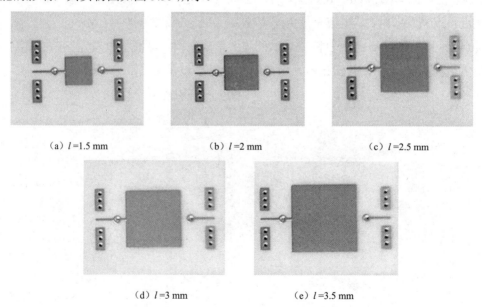

（a）l=1.5 mm　　　　（b）l=2 mm　　　　（c）l=2.5 mm

（d）l=3 mm　　　　（e）l=3.5 mm

图 5.35　不同极板边长的二端口正方形垂直叉指电容的实物图

不同极板边长的二端口正方形垂直叉指电容的仿真结果如图 5.36 所示。由仿真结果不难看出，当极板边长 l 分别为 1.5 mm、2 mm、2.5 mm、3 mm、3.5 mm 时，自谐振频率为 2.1 GHz、1.56 GHz、1.24 GHz、1.03 GHz、0.91 GHz；在 0.5 GHz 处，电容的有效值 C_s 为 5.53 pF、10.11 pF、16.57 pF、25.8 pF、37.88 pF；电容的对地寄生电容 C_1 为 1.27 pF、1.83 pF、2.54 pF、3.39 pF、4.41 pF，C_2 为 0.21 pF、0.2 pF、0.17 pF、0.11 pF、0.041 pF；电容的等效串联电阻 R_1 为 0.19Ω、0.18Ω、0.17Ω、0.15Ω、0.13Ω；电容的寄生电感 L_c 为 0.96 nH、0.64 nH、0.41 nH、0.37 nH、0.22 nH。说明二端口正方形垂直叉指电容的极板边长越大，电容的有效值越大，自谐振频率越小，并且电容本身的对地寄生电容也越大，寄生电感和串联电阻越小。

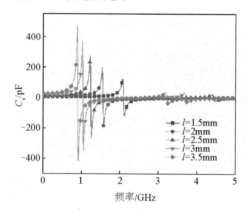

（a）电容的有效值 C_s 对比

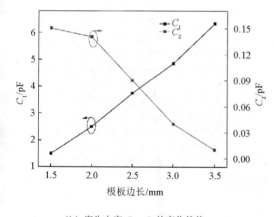

（b）寄生电容 C_1、C_2 的变化趋势

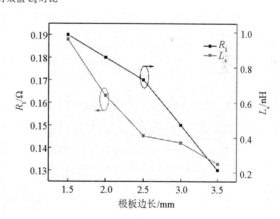

（c）串联电阻 R_1 和寄生电感 L_c 的变化趋势

图 5.36　不同极板边长的二端口正方形垂直叉指电容的仿真结果

除了正方形结构，本节还对二端口圆形垂直叉指电容进行分析，使用 HFSS 软件对二端口圆形垂直叉指电容的三维模型进行设计，垂直叉指电容的有效极板数为 3，分别位于 4 层 LCP 基板的 Metal$_1$、Metal$_2$、Metal$_3$，极板两侧端口连接的微带线宽度为 0.1 mm。保证其他参数不变，将

电容极板直径 D 设为 1.6 mm、2.2 mm、2.8 mm、3.4 mm、4 mm，分析电容极板直径对二端口圆形垂直叉指电容性能的影响，其实物图如图 5.37 所示。

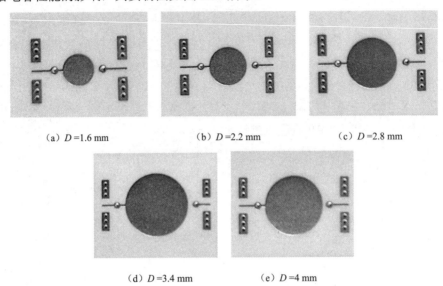

（a）D=1.6 mm　　　　（b）D=2.2 mm　　　　（c）D=2.8 mm

（d）D=3.4 mm　　　　（e）D=4 mm

图 5.37　二端口圆形垂直叉指电容的实物图

图 5.38 所示为不同极板直径的二端口圆形垂直叉指电容的仿真结果，由仿真结果不难看出，当极板直径 D 分别为 1.6 mm、2.2 mm、2.8 mm、3.4 mm、4 mm 时，自谐振频率为 2.25 GHz、1.66 GHz、1.32 GHz、1.1 GHz、0.96 GHz；在 0.5 GHz 处，电容的有效值 C_s 为 4.7 pF、9.28 pF、15.39 pF、24.23 pF、35.7 pF；电容的对地寄生电容 C_1 为 1.03 pF、1.46 pF、1.98 pF、2.87 pF、3.41 pF，C_2 为 0.22 pF、0.205 pF、0.195 pF、0.189 pF、0.181 pF；电感的等效串联电阻 R_1 为 0.22Ω、0.2Ω、0.18Ω、0.15Ω、0.13Ω；电容的寄生电感 L_c 为 1.21 nH、1.05 nH、0.87 nH、0.76 nH、0.69 nH。说明二端口圆形垂直叉指电容的极板直径越大，电容的有效值越大，自谐振频率越小，并且电容本身的对地寄生电容也越大，寄生电感和和串联电阻越小。

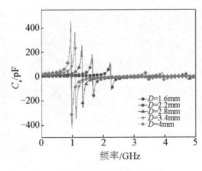

（a）电容的有效值 C_s 对比

图 5.38　不同极板直径的二端口圆形垂直叉指电容的仿真结果

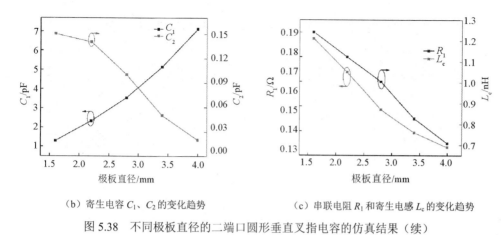

（b）寄生电容 C_1、C_2 的变化趋势　　　　　（c）串联电阻 R_1 和寄生电感 L_c 的变化趋势

图 5.38　不同极板直径的二端口圆形垂直叉指电容的仿真结果（续）

5.5.3　单端口电容结构参数的分析

　　垂直叉指电容作为基本的集总元件，在滤波器电路的设计过程中，常常需要单端接地，这种单端接地的垂直叉指电容常出现在支路电路中。在 HFSS 软件中对不同极板边长的单端口正方形垂直叉指电容进行设计；垂直叉指电容的有效极板数为 3，分别位于 4 层 LCP 基板的 Metal$_1$、Metal$_2$、Metal$_3$，极板两侧端口连接的微带线宽度为 0.1 mm。保证其他参数不变，将电容极板边长 l 设为 1.5 mm、2 mm、2.5 mm、3 mm、3.5 mm，分析电容极板边长对单端口正方形垂直叉指电容性能的影响，其实物图如图 5.39 所示。

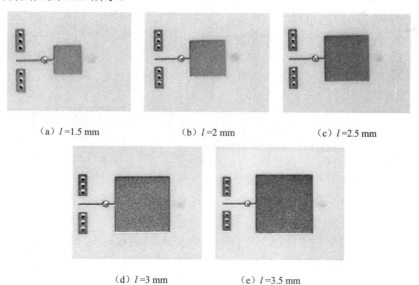

（a）l=1.5 mm　　　　（b）l=2 mm　　　　（c）l=2.5 mm

（d）l=3 mm　　　　（e）l=3.5 mm

图 5.39　不同极板边长的单端口正方形垂直叉指电容的实物图

图 5.40 所示为不同极板边长的单端口正方形垂直叉指电容的仿真结果，从图中可以看出，当极板边长 l 分别为 1.5 mm、2 mm、2.5 mm、3 mm、3.5 mm 时，自谐振频率为 2.32 GHz、1.74 GHz、1.4 GHz、1.19 GHz、1.01 GHz；在 0.5 GHz 处，电容的有效值 C_s 为 5.61 pF、10.2 pF、16.1 pF、23.94 pF、35.38 pF；电容的等效串联电阻 R_1 为 0.21Ω、0.16Ω、0.14Ω、0.12Ω、0.12Ω；电容的寄生电感 L_c 为 0.92 nH、0.85 nH、0.81 nH、0.76 nH、0.71 nH。说明单端口正方形垂直叉指电容的极板边长越大，电容的有效值越大，自谐振频率越小，并且电容本身的对地寄生电容也越大，寄生电感和串联电阻越小。

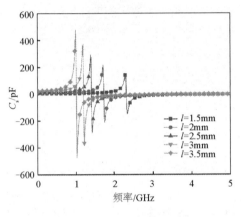

（a）电容有效值 C_s 的变化趋势

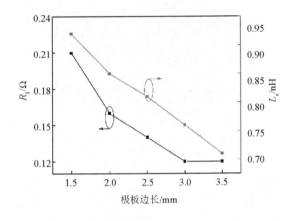

（b）串联电阻 R_1 和寄生电感 L_c 的变化趋势

图 5.40　不同极板边长的单端口正方形垂直叉指电容的仿真结果

使用 HFSS 软件对单端口圆形垂直叉指电容进行设计：垂直叉指电容的有效极板层数为 3，分别位于 4 层 LCP 基板的 Metal$_1$、Metal$_2$、Metal$_3$，极板两侧端口连接的微带线宽度为 0.1 mm。保证其他参数不变，将电容极板直径 D 设为 1.6 mm、2.2 mm、2.8 mm、3.4 mm、4 mm。分析电容极板直径对单端口圆形垂直叉指电容性能的影响，其实物图如图 5.41 所示。

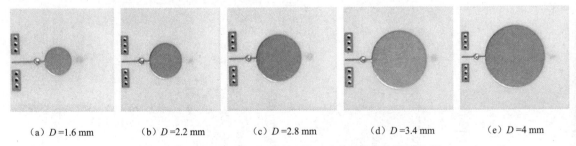

（a）$D=1.6$ mm　　　（b）$D=2.2$ mm　　　（c）$D=2.8$ mm　　　（d）$D=3.4$ mm　　　（e）$D=4$ mm

图 5.41　不同极板直径的单端口圆形垂直叉指电容的实物图

图 5.42 所示为不同极板直径的单端口圆形垂直叉指电容的仿真结果，由仿真结果不难看出，当极板直径 D 分别为 1.6 mm、2.2 mm、2.8 mm、3.4 mm、4 mm 时，自谐振频率为 2.5 GHz、

1.91 GHz、1.54 GHz、1.31 GHz、1.13 GHz；在 0.5 GHz 处，电容的有效值 C_s 为 4.85 pF、8.97 pF、14.93 pF、22.55 pF、32.81 pF；等效串联电阻 R_1 为 0.21Ω、0.19Ω、0.13Ω、0.12Ω、0.11Ω；寄生电感 L_c 为 0.94 nH、0.9 nH、0.89 nH、0.89 nH、0.85 nH。说明单端口圆形垂直叉指电容的极板直径越大，电容的有效值越大，自谐振频率越小，并且电容本身的对地寄生电容也越大，寄生电感和串联电阻越小。

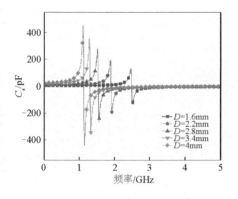
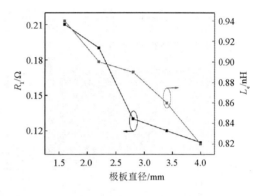

（a）电容有效值 C_s 的变化趋势　　　　　　（b）串联电阻 R_1 和寄生电感 L_c 的变化趋势

图 5.42　不同极板直径的单端口圆形垂直叉指电容的仿真结果

5.6　垂直叉指电容的优化设计

由于垂直叉指电容具有较大的对地寄生电容，因此需要对其进行优化设计。本课题采用在第 4 层金属上蚀刻 DGS 的方法对电容的性能进行优化。图 5.43 所示为在 HFSS 软件中优化后的垂直叉指电容的三维结构示意图。其中，图 5.43（a）是具有 DGS 的二端口正方形垂直叉指电容，其边长为 3 mm，DGS 为正方形，其边长为 3.5 mm；图 5.43（b）是具有 DGS 的二端口圆形垂直叉指电容，其直径为 3 mm，DGS 为圆形，其直径为 3.5 mm。

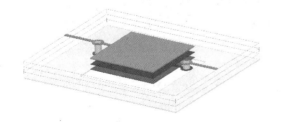
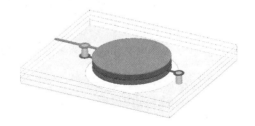

（a）二端口正方形垂直叉指电容　　　　　　（b）二端口圆形垂直叉指电容

图 5.43　在 HFSS 软件中优化后的垂直叉指电容的三维结构示意图

5.6.1 带有 DGS 的二端口正方形垂直叉指电容

首先使用 HFSS 软件对带有 DGS 的二端口正方形垂直叉指电容进行设计：垂直叉指电容的有效极板数为 3，分别位于 4 层 LCP 基板的 $Metal_1$、$Metal_2$、$Metal_3$，极板两侧端口连接的微带线宽度为 0.1 mm。保证其他参数不变，将电容极板边长 l 分别设置为 1.5 mm、2 mm、2.5 mm、3 mm、3.5 mm，DGS 长度分别设置为 2 mm、2.5 mm、3 mm、3.5 mm、4 mm。分析极板边长对带有 DGS 的二端口正方形垂直叉指电容性能的影响，其实物图如图 5.44 所示。

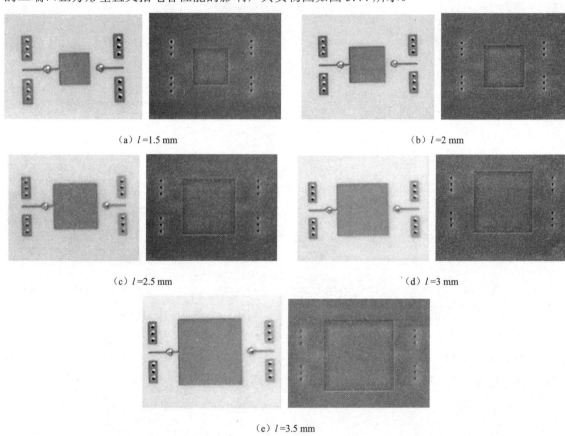

（a）l=1.5 mm   （b）l=2 mm

（c）l=2.5 mm   （d）l=3 mm

（e）l=3.5 mm

图 5.44 带有 DGS 的不同极板边长的二端口正方形垂直叉指电容的实物图

图 5.45 所示为带有 DGS 的不同极板边长的二端口正方形垂直叉指电容的仿真结果，由仿真结果不难看出，当极板边长 l 分别为 1.5 mm、2 mm、2.5 mm、3 mm、3.5 mm 时，自谐振频率为 1.72 GHz、1.23 GHz、0.95 GHz、0.76 GHz、0.63 GHz；在 0.5 GHz 处，电容的有效值 C_s 为 4.46 pF、8.34 pF、14.64 pF、26.4 pF、55.63 pF；对地寄生电容 C_1 为 0.46 pF、0.56 pF、0.67 pF、0.79 pF、

0.93 pF，C_2 为 0.187 pF、0.196 pF、0.195 pF、0.183 pF、0.16 pF；等效串联电阻 R_1 为 0.26Ω、0.24 Ω、0.24 Ω、0.23 Ω、0.19 Ω；寄生电感 L_c 为 1.95 nH、2.01 nH、2.05 nH、2.12 nH、2.2 nH。说明加入 DGS 以后，电容的性能得到了明显提升，其对地寄生电容 C_1 分别减小了 0.81 pF、1.27 pF、1.87 pF、2.6 pF、3.48 pF；并且随着极板边长的增大，电容的有效值增大，自谐振频率减小，对地寄生电容 C_1 增大、C_2 减小，等效串联电阻减小，寄生电感增大。

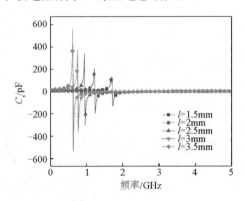

（a）电容有效值 C_s 的变化曲线

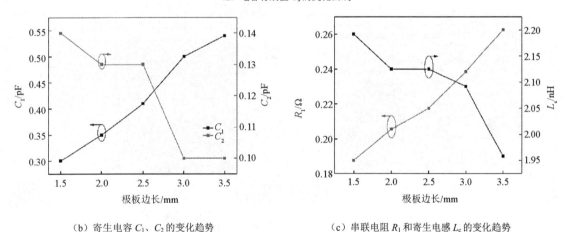

（b）寄生电容 C_1、C_2 的变化趋势　　（c）串联电阻 R_1 和寄生电感 L_c 的变化趋势

图 5.45　带有 DGS 的不同极板边长的二端口正方形垂直叉指电容的仿真结果

5.6.2　带有 DGS 的单端口正方形垂直叉指电容

使用 HFSS 软件对带有 DGS 的单端口正方形垂直叉指电容进行设计：垂直叉指电容的有效极板层数为 3，分别位于 4 层 LCP 基板的 Metal₁、Metal₂、Metal₃，极板两侧端口连接的微带线宽度为 0.1 mm。保证其他参数不变，将电容极板边长 l 设为 1.5 mm、2 mm、2.5 mm、3 mm、

3.5 mm，DGS 长度设为 2 mm、2.5 mm、3 mm、3.5 mm、4 mm。分析极板边长对带有 DGS 的单端口正方形垂直叉指电容性能的影响，其实物图如图 5.46 所示。

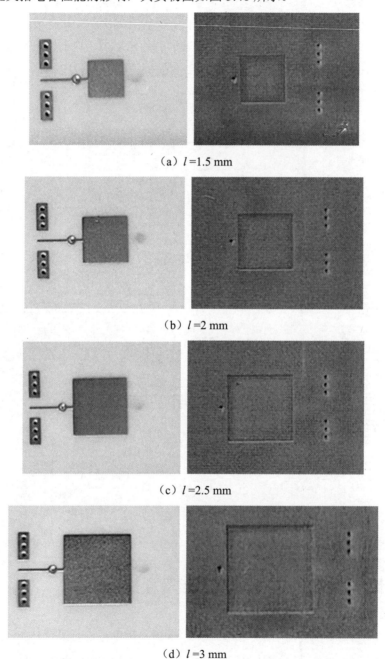

（a）l =1.5 mm

（b）l =2 mm

（c）l =2.5 mm

（d）l =3 mm

图 5.46　带有 DGS 的不同极板边长的单端口正方形垂直叉指电容的实物图

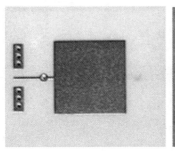

（e）l=3.5 mm

图 5.46　带有 DGS 的不同极板边长的单端口正方形垂直叉指电容的实物图（续）

图 5.47 所示为带有 DGS 的不同极板边长的单端口正方形垂直叉指电容的仿真结果，由仿真结果不难看出，当极板边长 l 分别为 1.5 mm、2 mm、2.5 mm、3 mm、3.5 mm 时，自谐振频率为 1.89 GHz、1.35 GHz、1.03 GHz、0.83 GHz、0.68 GHz；在 0.5 GHz 处，电容的有效值为 4.4 pF、8.05 pF、13.97 pF、23.95 pF、43.62 pF；等效串联电阻 R_1 为 0.35Ω、0.27Ω、0.24Ω、0.17Ω、0.16Ω；寄生电感 L_c 为 1.46 nH、1.61 nH、1.75 nH、1.8 nH、1.82 nH。在加入 DGS 以后，电容的性能得到了明显提升，并且随着极板边长的增大，电容的有效值增大，自谐振频率减小，等效串联电阻减小，寄生电感增大。

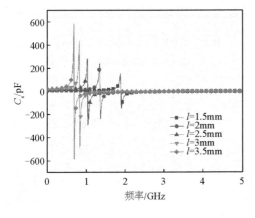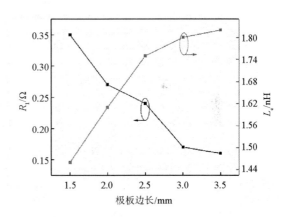

（a）电容有效值 C_s 的变化曲线　　　　　（b）串联电阻 R_1 和寄生电感 L_c 的变化趋势

图 5.47　带有 DGS 的不同极板边长的单端口正方形垂直叉指电容的仿真结果

使用 HFSS 软件对带有 DGS 的单端口圆形垂直叉指电容进行设计：垂直叉指电容的有效极板层数为 3，分别位于 4 层 LCP 基板的 Metal$_1$、Metal$_2$、Metal$_3$，极板两侧端口连接的微带线宽度为 0.1 mm。保证其他参数不变，将电容极板直径设为 1.6 mm、2.2 mm、2.8 mm、3.4 mm、4 mm，DGS 直径设为 2.1 mm、2.7 mm、3.3 mm、3.9 mm、4.5 mm，分析极板直径对带有 DGS 的单端口圆形垂直叉指电容性能的影响，其实物图如图 5.48 所示。

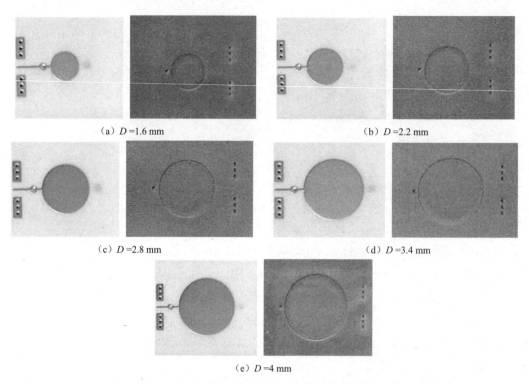

（a）$D=1.6$ mm （b）$D=2.2$ mm

（c）$D=2.8$ mm （d）$D=3.4$ mm

（e）$D=4$ mm

图 5.48　带有 DGS 的不同极板直径的单端口圆形垂直叉指电容的实物图

图 5.49 所示为带有 DGS 的不同极板直径的单端口圆形垂直叉指电容的仿真结果，从图中可以看出，当极板直径 D 分别为 1.6 mm、2.2 mm、2.8 mm、3.4 mm、4 mm 时，自谐振频率为 2.12 GHz、1.49 GHz、1.13 GHz、0.89 GHz、0.74 GHz；在 0.5 GHz 处，电容的有效值 C_s 为 3.73 pF、7.26 pF、12.7 pF、21.4 pF、37.26 pF；电容的等效串联电阻 R_1 为 0.38Ω、0.28Ω、0.23Ω、0.18Ω、0.16Ω；寄生电感 L_c 为 1.37 nH、1.46 nH、1.68 nH、1.75 nH、1.79 nH。在加入 DGS 以后，电容的性能得到了明显提升，并且随着极板直径的增大，电容的有效值增大，自谐振频率减小，等效串联电阻减小，寄生电感增大。

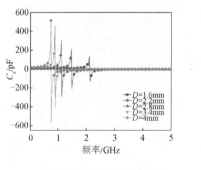

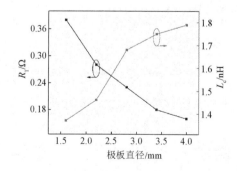

（a）电容有效值 C_s 的变化曲线 （b）串联电阻 R_1 和寄生电感 L_c 的变化趋势

图 5.49　带有 DGS 的不同极板直径的单端口圆形垂直叉指电容的仿真结果

5.7 UHF 滤波器设计的概述

在现代无线通信系统中，微波滤波器是不可或缺的重要组成部分。在收发无线电电路设计中，带通滤波器常被用于分离上行和下行传输路径，窄带滤波器应用于图像信道的抑制，以及相邻频段的任何强干扰信号。但是在 UHF 波段，由于波长的问题，要实现一个既小又有良好阻带性能的滤波器并不容易[13]。近年来，LCP 技术因其高性能、高集成度和高可靠性等优点，在微波射频电路中被广泛应用。采用 4 层 LCP 技术，不仅可以使部分无源器件集成在多层 LCP 基板中，减小无源器件的体积，而且可以减小电路的损耗，提高电路的性能。本节基于 4 层 LCP 技术，对 UHF 滤波器进行了研究，根据滤波器设计理论，设计并实现了一款集总参数低通滤波器和一款半集总参数双通带通滤波器，并对滤波器的性能进行了测试，其测试结果表明了 LCP 基板在滤波器设计中的优越性。

基于 4 层 LCP 基板设计的 UHF 滤波器作为三维结构的滤波器，若直接对其物理结构进行设计仿真，难度较大。而经典的 LC 滤波器的设计方法已经形成了系统的理论，其中最有效和使用最广泛的是网络综合法。因此，本节主要采用网络综合法进行 UHF 滤波器的设计。由于所设计的滤波器频率范围较低，因此主要采用集总参数电感和电容进行设计。首先需要确定滤波器的原始电路模型，然后将得到的电路原理图转换为基于 4 层 LCP 基板的三维模型，最后采用联合仿真分析法找出电路原理图和三维模型之间的关系，对三维模型进行调整，使其性能参数满足指标要求。

本节的滤波器设计采用的电感主要有集总参数电感和分布参数电感，集总参数电感主要是 8-shaped 型电感和多层螺旋电感，分布参数电感主要是折线型电感；电容主要使用垂直叉指电容，并通过金属盲孔和通孔实现滤波器不同金属板之间信号的互连。主要设计步骤如下。

（1）确定滤波器性能指标：滤波器的主要性能指标有插入损耗 S_{21}、回波损耗 S_{11}、带外抑制、带内纹波、相对带宽、矩形系数等[14]。

（2）电路原理图设计与优化：在 ADS 软件中，依据滤波器的阶数及性能指标，利用网络综合法综合出滤波器的电路原理图，并对其进行仿真。根据所得到的电路原理图，考虑到滤波器性能指标及电容和电感的寄生效应，对电路进行调整，确定最优的理想电容和电感，以及滤波器电路。

（3）电容和电感设计：根据在电路原理图中得到的理想电容和电感，利用 HFSS 软件对单个电容和电感的三维模型进行设计，以及优化仿真，使其满足电路原理图中的数值要求。

（4）滤波器三维模型设计：根据所需的电容和电感，在 HFSS 软件中将电容和电感按照电路设计要求进行连接，从而构建出完整的多层 LCP 滤波器三维模型。

（5）滤波器三维模型优化：考虑到电容和电感的寄生效应，以及元件之间的耦合及串扰，在电路中增加 DGS 结构，同时使用联合仿真分析法对滤波器三维模型进行优化，使其性能达到指标要求。

（6）实物加工及测试：在 Cadence Allegro 软件中对滤波器的 PCB 版图进行绘制，并对滤波器实物进行制作，对滤波器的性能进行测试。

基于 4 层 LCP 技术的集总参数滤波器的设计步骤如图 5.50 所示。

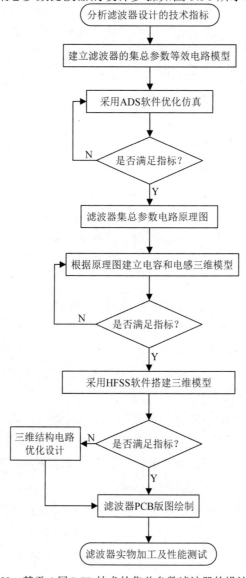

图 5.50　基于 4 层 LCP 技术的集总参数滤波器的设计步骤

5.8 UHF 集总参数低通滤波器的设计

5.8.1 低通滤波器电路与参数的分析

根据 5.7 节提到的滤波器的设计步骤，本节主要采用网络综合法进行滤波器的设计，并采用联合仿真分析法对滤波器的性能进行优化，低通滤波器的技术指标设置如下。

截止频率：500 MHz；

带内波纹：0.1 dB；

插入损耗：< 1 dB；

回波损耗：> 25 dB；

带外抑制：> 35 dB（1～3 GHz）。

根据设定的设计指标要求，我们选择滤波器的类型为切比雪夫型滤波器，相比最平坦型滤波器和椭圆函数型滤波器，其阻带下降较快，并且其频率响应振幅曲线在通带内等幅度波动。首先通过查表确定低通滤波器的阶数；接着在 ADS 软件中利用网络综合法搭建低通滤波器的电路原理图，如图 5.51 所示。电路主要包括 5 个电感和 3 个电容，电路左右两端对称，其中 $L_1=L_2$，$L_3=L_4$，$C_2=C_3$。根据性能指标要求对滤波器进行优化，各集总参数如表 5.1 所示。

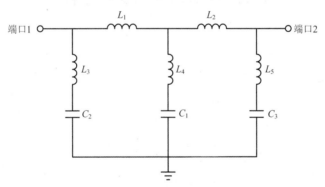

图 5.51 500 MHz 低通滤波器的电路原理图

表 5.1 500 MHz 低通滤波器中的各集总参数

参数	C_1	C_2（C_3）	L_1（L_2）	L_3（L_4）	L_5
数值	13.06	5.91	26.28	4.45	0.2
单位	pF	pF	nH	nH	nH

低通滤波器在 ADS 软件中的电路仿真结果如图 5.52 所示，从图中可以看出，滤波器通带内，

S_{21} 优于 0.21 dB，S_{11} 优于 25.5 dB，并在带外 0.98 GHz 处产生 1 个传输零点，在 0.77～3 GHz 的较宽频率范围内，阻带抑制在-40 dB 以下，满足设计指标要求。

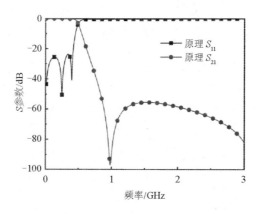

图 5.52　500 MHz 低通滤波器在 ADS 软件中的电路仿真结果

5.8.2　低通滤波器的仿真设计

完成滤波器电路的设计、仿真后，基于多层 LCP 基板，在 HFSS 软件中建立 500 MHz 低通滤波器的三维模型，如图 5.53 所示。为了减小滤波器的体积，考虑到所需的电容和电感，电容采用垂直叉指电容进行设计，电感采用 8-shaped 型电感进行设计，与传统的垂直螺旋电感相比，8-shaped 型电感由两个具有大小相等但方向相反电流的扭曲线圈组成，这两个线圈可以产生大小相等而极性相反的两个磁场，这两个磁场可以相互抵消，从而使磁场在电感附近几乎消失，降低对周围元件的磁耦合，有利于实现低频段滤波器小型化。电感值 L_3、L_4、L_5 较小，主要由分支寄生电感与器件耦合产生，其目的是在滤波电路中引入传输零点，提高滤波器的选择性和阻带性能。

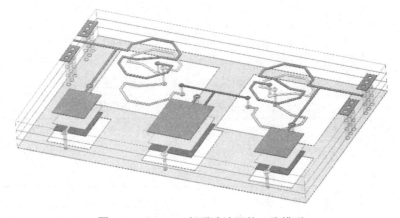

图 5.53　500MHz 低通滤波器的三维模型

图 5.54 所示为 500 MHz 低通滤波器各层结构的布局设计图。从图中可以看出，垂直叉指电容金属极板分布在 Metal$_1$、Metal$_2$ 和 Metal$_3$ 上，8-shaped 型电感金属板分布在 Metal$_1$、Metal$_2$ 和 Metal$_4$ 上，Metal$_4$ 为 DGS。其中，L_1=1.9 mm，L_2=1.58 mm，L_3=2.65 mm，L_4=2.1 mm，L_5=1.02 mm，L_6=0.56 mm，W_1=0.1 mm，W_2=4.74 mm，W_3=4.24 mm，W_4=2.6 mm，W_5=3.15 mm，W_6=2.4 mm，W_7=2.08 mm，r_1=0.15 mm。滤波器整体尺寸为 14 mm × 9 mm × 0.193 mm。

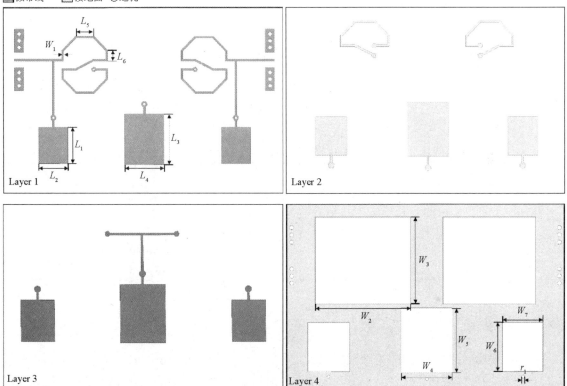

图 5.54　500 MHz 低通滤波器各层结构的布局设计图

在 HFSS 软件中对低通滤波器的三维模型进行电磁仿真，并利用联合仿真分析法对滤波器进行优化调整，使其尽量与滤波器电路仿真结果一致。图 5.55 所示为 500 MHz 低通滤波器的三维电磁仿真结果。结果表明，低通滤波器的截止频率为 500 MHz，通带内 S_{21} 优于 0.33 dB，S_{11} 优于 27 dB，并且其阻带产生的传输零点位于频率 0.95 GHz 处，在 0.86～3.02 GHz 较宽频率范围内，阻带抑制超过-40 dB。

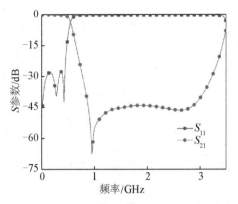

图 5.55   500 MHz 低通滤波器的三维电磁仿真结果

表5.2将本节提出的低通滤波器与其他文献[15-18]中提出的UHF波段低通滤波器的性能参数进行了对比。结果表明，本节所设计的低通滤波器具有较大的电感、小型化的尺寸、较低的插入损耗和较好的回波损耗。

表 5.2   本设计与其他文献中提出的 UHF 波段低通滤波器的性能参数对比

文献	f_c /GHz	IL/dB	RL/dB	Size/λ_g^2	Layers
[15]	1	0.49	14.7	0.08×0.13	10
[16]	0.12	0.32	19.5	0.005×0.013	10
[17]	0.8	0.45	13	0.02×0.05	2
[18]	1	1	25	0.18×0.079	10
本设计	0.5	0.37	30	0.023×0.015	4

5.8.3   低通滤波器的实物测试

在 500 MHz 低通滤波器的三维模型仿真完成后，需要在 Cadence Allegro 软件中对低通滤波器的 PCB 版图进行绘制，并将其导出为光绘文件，交于 LCP 制作厂商进行加工制作，制作完成的滤波器的实物图如图 5.56 所示。

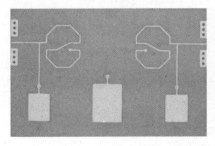

（a）正面   （b）反面

图 5.56   500 MHz 低通滤波器的实物图

本课题采用日本松下公司的 RF-705S 型双面覆铜 LCP 基板进行滤波器的制作，其基板厚度为 25μm，因此可进一步缩小滤波器的体积。使用 R&S ZVA50 矢量网络分析仪和 Cascade EPS150RF 射频探针台在 0.01～3 GHz 频率范围内测量低通滤波器的 S 参数，测试平台如图 5.57 所示。

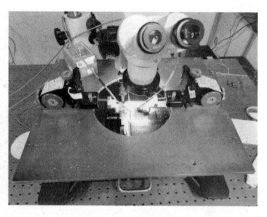

（a）矢量网络分析仪　　　　　　　　　　（b）射频探针台

图 5.57　测试平台

由于本节设计的滤波器中引入了 DGS，若直接放到射频探针台上进行测试容易，则发生谐振，产生测试误差，因此需要在射频探针台与待测滤波器之间增加一层 FR4 基板，达到绝缘的目的。滤波器的仿真结果与测试结果对比如图 5.58 所示，从图中可以看出，低通滤波器截止频率为 500 MHz，通带内 S_{21} 优于 0.35 dB，S_{11} 优于 30 dB，在 0.93 GHz 处引入了传输零点，在 0.84～3.03 GHz 频率范围内，带外抑制超过-40 dB，测试结果与仿真结果吻合度较好，说明采用多层 LCP 技术进行滤波器制作具有优越性。

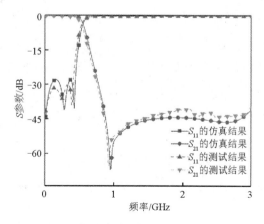

图 5.58　500MHz 低通滤波器的仿真结果与测试结果对比

5.9　UHF 集总参数带通滤波器的设计

5.9.1　带通滤波器的仿真设计

根据集总参数 LCP 滤波器的设计方法，结合带通滤波器的理论研究，首先设定带通滤波器的设计指标如下。

中心频率：500 MHz；

相对带宽：20%；

带内波纹：0.1 dB；

插入损耗：< 3 dB；

回波损耗：> 15 dB；

带外抑制：> 30 dB（DC～450 MHz）；> 30 dB（650 MHz～1.5 GHz）。

根据滤波器的设计指标要求，带通滤波器采用切比雪夫滤波器进行设计，设定中心频率、带内波动、带外抑制等参数，滤波器阶数选取为 4，滤波器整体结构采用串并联谐振电路结构。在 ADS 软件中采用理想集总参数元件进行电路设计和仿真，由此确定基本电路原理图如图 5.59 所示。表 5.3 所示为 500 MHz 带通滤波器中的各集总参数。

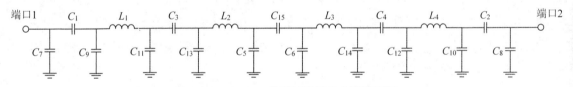

图 5.59　500 MHz 带通滤波器的电路原理图

表 5.3　500 MHz 带通滤波器中的各集总参数

参数	C_1（C_2）	C_3（C_4）	C_5（C_6）	C_7（C_8）	C_9（C_{10}）	C_{11}（C_{12},C_{13},C_{14}）	C_{15}	L_1（L_2,L_3,L_4）
数值	13.95	2.76	8.6	4.7	4.95	7.56	2.67	20
单位	pF	pF	pF	pF	pF	pF	pF	nH

500 MHz 带通滤波器在 ADS 软件中的电路仿真结果如图 5.60 所示，仿真结果显示，带通滤波器中心频率为 500 MHz，相对带宽为 20%，通带内 S_{21} 优于 0.4 dB，S_{11} 优于 19.6 dB，带外抑制大于 30 dB。

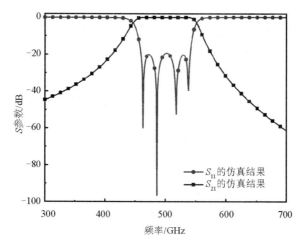

图 5.60　500 MHz 带通滤波器在 ADS 软件中的电路仿真结果

　　由于本节设计的带通滤波器电路结构较长，电感和电容较多，考虑到在滤波器三维结构设计时整体尺寸可能会偏大，且垂直螺旋电感和垂直叉指电容的寄生效应会对电路产生不良影响。因此，需要对带通滤波器电路结构进行优化设计，借鉴文献[26]提出的折叠式电路结构设计及共享接地金属孔的方法减小电路尺寸，优化后的 500 MHz 带通滤波器电路原理图如图 5.61 所示，图中用 L_p 表示两个电容之间共享接地盲孔的寄生参数。表 5.4 所示为优化后的 500 MHz 带通滤波器电路中的各集总参数。

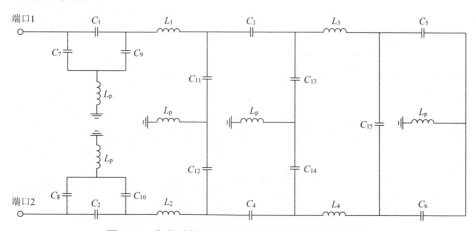

图 5.61　优化后的 500 MHz 带通滤波器电路原理图

表 5.4　优化后的 500 MHz 带通滤波器电路中的各集总参数

参数	$C_1(C_2)$	$C_3(C_4)$	$C_5(C_6)$	$C_7(C_8)$	$C_9(C_{10})$	C_{11}（C_{12},C_{13},C_{14}）	C_{15}	$L_1(L_2,L_3,L_4)$	L_p
数值	13.65	2.7	8.35	4.7	4.85	7.56	2.65	20	0.07
单位	pF	pF	pF	pF	pF	pF	pF	nH	nH

优化后的 500 MHz 带通滤波器在 ADS 软件中的电路仿真结果如图 5.62 所示。可以看出，带通滤波器的中心频率为 500 MHz，相对带宽为 20%，通带内 S_{21} 为 0.4 dB，S_{11} 优于 20 dB，在 602 MHz 处引入了 1 个传输零点，使带通滤波器的阻带抑制优于 40 dB。

　　根据 ADS 软件中设计的带通滤波器电路原理图，在 HFSS 软件中建立基于多层 LCP 基板的带通滤波器三维模型，其中电容 C_1、C_2，$C_5 \sim C_{14}$ 采用带有 DGS 的垂直叉指电容设计，C_3、C_4 和 C_{15} 小于 3 pF，为了充分利用多层 LCP 基板的三维空间，采用带有 DGS 的 MIM 电容设计。电感 L_1、L_4 采用带有 DGS 的八边形垂直螺旋电感设计，电感 L_p 为 2 个单端接地的垂直叉指电容之间共享电镀盲孔的寄生电感。搭建完成的带通滤波器三维模型尺寸大小为 30 mm × 19.28 mm × 0.446 mm，基于多层 LCP 基板的带通滤波器三维模型如图 5.63 所示，各层结构布局设计如图 5.64 所示。

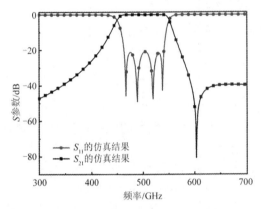

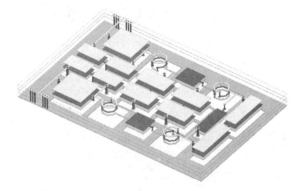

图 5.62　优化后的 500 MHz 带通滤波器在 ADS 软件中的电路仿真结果　　图 5.63　基于多层 LCP 基板的带通滤波器三维模型

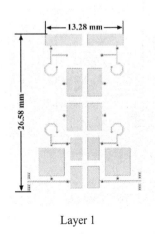
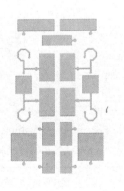
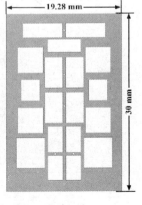

Layer 1　　　　Layer 2　　　　Layer 3　　　　Layer 4

图 5.64　带通滤波器各层结构布局设计

图 5.65 所示为带通滤波器在 HFSS 软件中的三维模型仿真结果,带通滤波器中心频率为 500 MHz, 相对带宽为 20%,通带内 S_{21} 优于 1.87 dB,S_{11} 优于 18.6 dB,在 DC~400 MHz 和 650 MHz~1.25 GHz 频率范围内的带外抑制大于 40 dB, 基本满足带通滤波器的设计指标要求。

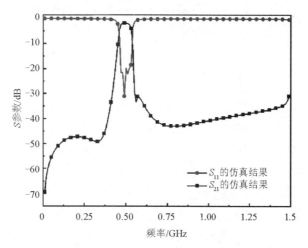

图 5.65　带通滤波器在 HFSS 软件中的三维模型仿真结果

5.9.2　带通滤波器的实物测试

在完成带通滤波器的三维模型仿真之后，在 Cadence Allegro 软件中进行带通滤波器的 PCB 版图绘制。图 5.66 所示为带通滤波器的 PCB 版图。

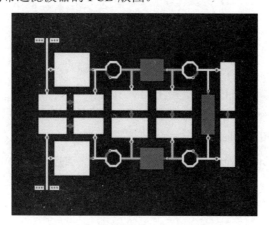

图 5.66　带通滤波器的 PCB 版图

在完成带通滤波器的 PCB 版图绘制后，基于多层 LCP 基板进行带通滤波器的实物加工，加工完成的带通滤波器的实物图如图 5.67 所示。

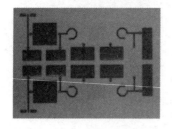 

（a）带通滤波器　　　　　　　　　（b）DGS

图 5.67　加工完成的带通滤波器的实物图

带通滤波器的测试结果与仿真结果对比如图 5.68 所示，结果表明，带通滤波器中心频率为 500 MHz，相对带宽为 20%，通带内 S_{21} 优于 2.3 dB，S_{11} 优于 18.6 dB，在 340 MHz 和 560 MHz 处引入了传输零点，带通滤波器的矩形系数为 1.7，在 DC～400 MHz 和 650 MHz～1.25 GHz 频率范围内，带外抑制大于 40 dB。带通滤波器的测试频率响应和三维模型电磁仿真的频率响应吻合良好。由于导体损耗和测量损耗的影响，基于多层 LCP 基板制作的带通滤波器具有 2.3 dB 的 S_{21}，略大于仿真结果，对于 UHF 集总参数带通滤波器的预期应用，属于可以接受的范围。

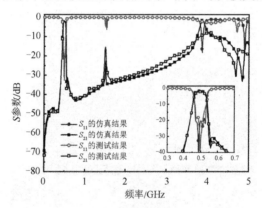

图 5.68　带通滤波器的测试结果与仿真结果对比

表 5.5 显示了本设计与文献[19-22]中提出的 UHF 集总参数带通滤波器的特性参数对比。其中，λ_g 表示带通滤波器中心频率的波长，对比结果表明，本设计实现的集总参数带通滤波器尺寸较小，通带 S_{21} 较小且 S_{11} 最佳，带外抑制较好。

表 5.5　本设计与其他文献中提出的 UHF 集总参数带通滤波器的特性参数对比

文献	f_c/GHz	FBW	IL/dB	RL/dB	Size/λ_g^2
[19]	500	20%	5.5	17	0.017 × 0.038
[20]	500	20%	3.5	17	0.03× 0.06
[21]	835	30%	0.75	16	0.12×0.15
[22]	839	30%	0.63	18	0.11×0.15
本设计	500	20%	2.3	18.6	0.032 × 0.05

5.10　UHF 半集总参数双通带通滤波器的设计

5.10.1　半集总滤波器电路与参数分析

基于集总参数 LCP 低通滤波器的设计方法，结合分布参数电容和电感的理论，进行 UHF 双通带通滤波器的设计，双通带通滤波器的设计指标如下。

中心频率：0.9 GHz/2.45 GHz；

带内波纹：0.1 dB；

插入损耗：<3 dB；

回波损耗：> 13 dB；

带外抑制：>20 dB。

根据双通带通滤波器的指标要求，在 ADS 软件中采用理想集总元件进行电路原理图的设计和仿真，电路原理图如图 5.69 所示。该滤波器电路主要包含两条传输路径，分别控制滤波器的两个通带。这两条传输路径均与端口 1 和端口 2 匹配电容 C_a 的一端相连接。其中第 1 个通带主要由一对接地的 Π 型谐振结构组成，每个 Π 型谐振结构都包含 2 个电感和 1 个电容；第 2 个通带主要由一对串联 LC 谐振和并联 LC 谐振共同构成，其中并联谐振结构一端与地相连接。

双通带通滤波器在 ADS 软件中的电路仿真结果如图 5.70 所示，从图中可以看出，双通带通滤波器的中心频率分别为 0.9GHz 和 2.45 GHz，其第 1 个通带内 S_{21} 优于 0.2 dB，S_{11} 优于 19.6 dB；第 2 个通带内 S_{21} 优于 0.2 dB，S_{11} 优于 25 dB，通带内性能较好。

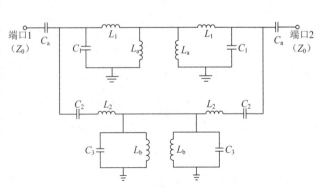

图 5.69　双通带通滤波器的电路原理图

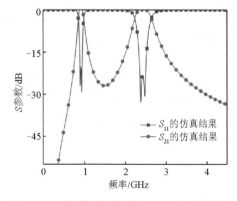

图 5.70　双通带通滤波器在 ADS 软件中的电路仿真结果

根据双通带通滤波器的电路仿真结果不难看出，虽然其通带内性能较好，但带外抑制较差，因此需要对电路进行优化调整。本节主要通过在滤波器电路中增加反馈电容的方式，在滤波器通带外引入 4 个传输零点，从而提高滤波器的带外抑制。采用这种方法引入传输零点，不仅结构简单，而且在不额外增大电路面积的情况下，提高了滤波器的性能。增加反馈电容后的双通带通滤波器的电路原理图如图 5.71 所示。从图中可以看出，反馈电容 C_z 横跨在端口 1 和端口 2 之间，与端口匹配电容 C_a 相连接，虚线框里的耦合谐振滤波器电路为不包含传输零点的双通带通滤波器电路，可将此电路等效为一个导纳矩阵，耦合谐振滤波器和反馈电容的导纳矩阵之和表示滤波器电路原理图中的总导纳。其整个导纳矩阵表示为

$$Y = \begin{pmatrix} sC_z + y_{11} & -sC_z + y_{12} \\ -sC_z + y_{21} & sC_z + y_{22} \end{pmatrix} \tag{5.30}$$

式中，$S = j\omega$；$y_{11}, y_{12}, y_{21}, y_{22}$ 表示不含反馈电容的双通带通滤波器中的导纳矩阵分量。滤波器中 4 个传输零点的位置可以用这个导纳矩阵通过求解下面的方程确定[23]：

$$-sC = y_{12} \tag{5.31}$$

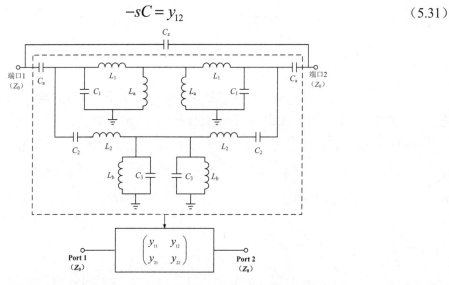

图 5.71 增加反馈电容后的双通带通滤波器的电路原理图

图 5.72 显示了不同 C_z 下滤波器的仿真结果，从仿真结果可以看出，传输零点 1（TZ_1）和传输零点 2（TZ_2）分别位于第 1 个通带的上边带和下边带，传输零点 3（TZ_3）和传输零点 4（TZ_4）分别位于第 2 个通带的上边带和下边带，反馈电容越小，其传输零点的位置离中心频率越远，通带带宽越窄。例如，当 C_z=0.2 pF 时，其传输零点的位置分别为 0.72 GHz、1.12 GHz、1.95 GHz 和 2.81 GHz，而当 C_z=0.1 pF 时，其传输零点的位置分别为 0.66 GHz、1.23 GHz、1.79 GHz 和 3.02 GHz。考虑到滤波器的带外性能，本设计中使用了 0.2 pF 的电容。通过引入该反馈电容，在滤波器的原

始响应之外产生 4 个传输零点，如图 5.73 所示。很明显，包含传输零点和不包含传输零点的双通带通滤波器的通带内特性几乎相同，随着传输零点的加入，该滤波器的选择性明显提高，带外抑制在-20 dB 以下。利用 ADS 软件中的调谐技术模拟了每个参数的数值。表 5.6 列出了双通带通滤波器电路中的各集总参数。

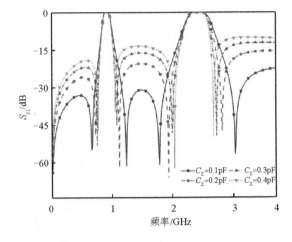

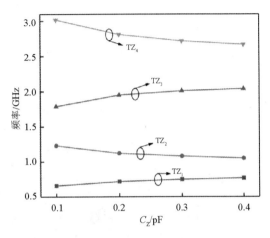

（a）不同 C_z 下 S_{21} 的变化趋势　　　　　（b）不同 C_z 下的传输零点位置

图 5.72　不同电容 C_z 下滤波器的仿真结果

表 5.6　双通带通滤波器电路中的各集总参数

参数	C_1	C_2	C_3	C_a	C_z	L_1	L_2	L_a	L_b
数值	2.45	1.48	0.7	1.53	0.2	4.81	4.1	1.04	0.91
单位	pF	pF	pF	pF	pF	nH	nH	nH	nH

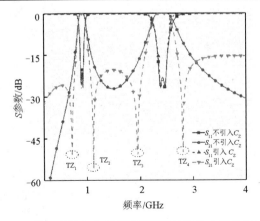

图 5.73　增加反馈电容后双通带通滤波器的电路仿真结果

5.10.2　半集总滤波器的仿真设计

完成半集总参数双通带通滤波器电路的设计仿真后，基于 4 层 LCP 基板，在 HFSS 软件中建立滤波器整体三维模型。该滤波器主要有两个通带，其上通带主要由串联、并联和交叉连接的谐振单元组成，其中心频率为 2.4 GHz。考虑到自谐振频率对集总参数元件的限制，电容 C_2 由垂直交叉电容实现，电感 L_2、L_b 采用单层折叠线性结构，由于接地电感 L_b 会产生一定的对地寄生电容，因此可以在支路上与 L_b 形成并联谐振，其三维模型如图 5.74 所示。

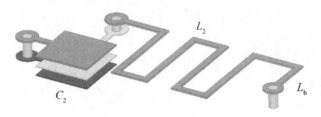

图 5.74　上通带的三维模型

滤波器下通带主要由一对 Π 型谐振结构组成。为了减小滤波器的体积，电容 C_1 采用带有 DGS 结构的 MIM 电容进行设计，电感 L_1 采用带有 DGS 结构的垂直螺旋电感进行设计，由于 L_a 较小，因此采用直线型电感进行设计。由于多层 LCP 衬底中电感线圈和电容极板与地面之间的距离较小，因此会产生较大的寄生效应。为了减小接地面对电容和电感的寄生效应，在电路中创新性地引入了 DGS，提升了电容和电感的性能，降低了滤波器的 S_{21}，其三维模型如图 5.75 所示。

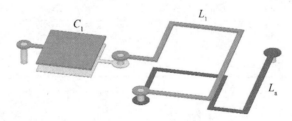

图 5.75　下通带的三维模型

根据滤波器上通带和下通带的三维模型，利用 HFSS 软件对滤波器的整体结构进行搭建，搭建完成的滤波器三维模型如图 5.76 所示，其中 L_1=0.85 mm，L_2=1.365 mm，L_3=0.6 mm，L_4=0.61 mm，L_5=1.5 mm，L_6=1.4 mm，L_7=2.7 mm，L_8=1.45 mm，L_9=2.609 mm，L_{10}=1.25 mm，L_{11}=1.5 mm，L_{12}=2.25 mm，L_{13}=1.5 mm，W_1=0.842 mm，W_2=0.86 mm，W_3=1.11 mm，W_4=1.272 mm，W_5=0.717 mm，W_6=0.726 mm，W_7=0.5 mm，W_8=0.6 mm，W_9=1.36 mm，W_{10}=1.32 mm，W_{11}=1.3 mm，W_{12}=1.3 mm，W_{13}=1.61 mm，W_{14}=1.79 mm，W_{15}=1.23 mm，W_{16}=1.15 mm，W_{17}=1.1 mm，W_{18}=1.05 mm，W_{19}=2.25 mm，W_{20}=3.075 mm，G_1=0.4 mm，G_2=0.1 mm，R_1=0.2 mm，R_2=0.3 mm，r=0.16 mm，滤波器整体尺寸为 11 mm × 9.5 mm × 0.193 mm。其各层结构布局设计如图 5.77 所示。

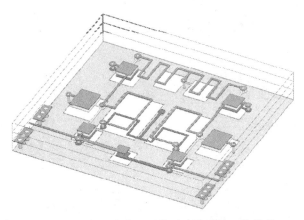

图 5.76　半集总参数双通带通滤波器的三维模型

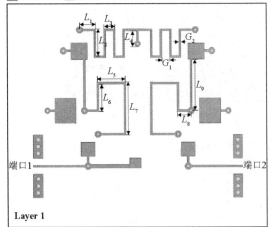

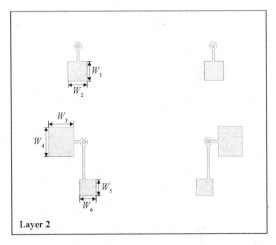

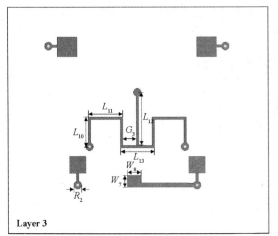

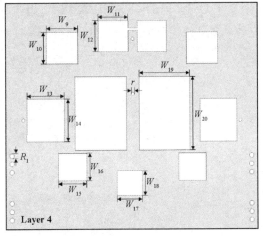

图 5.77　双通带通滤波器各层结构布局设计

5.10.3 半集总滤波器的实物测试

在完成半集总参数双通带通滤波器的三维模型仿真后，需要在 Cadence Allegro 软件中对半集总参数双通带通滤波器的 PCB 版图进行绘制，并将其导出为光绘文件，交于 LCP 制作厂商进行加工制作，该滤波器采用基板厚度为 0.025 mm 的 4 层 LCP 基板进行实现。图 5.78 描绘了半集总参数双通带通滤波器的实物图。使用 R&S ZVA50 矢量网络分析仪和 Cascade EPS150RF 射频探针台在 0.01～3.5 GHz 频率范围内测量滤波器的 S 参数。

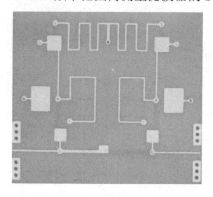 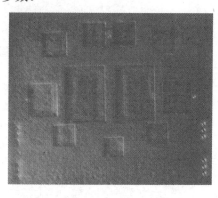

（a）正面　　　　　　　　　　　　　　（b）反面

图 5.78　半集总参数双通带通滤波器的实物图

图 5.79 所示为双通带通滤波器的测试结果与仿真结果对比。从图中可以看出，双通带通滤波器的中心频率分别为 0.9 GHz 和 2.45 GHz，其上通带的 S_{21} 优于 1 dB，S_{11} 优于 23 dB；下通带的 S_{21} 优于 2.5 dB，S_{11} 优于 14 dB；在 0.83 GHz、1.12 GHz、1.87 GHz、3.02 GHz 处引入了 4 个传输零点，2 个通带之间的带外抑制大于-20 dB。双通带通滤波器的测试结果和仿真结果显示通带内性能吻合度良好，但中心频率有一定的偏移。

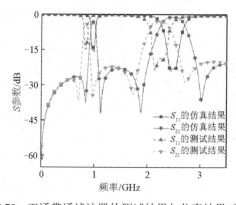

图 5.79　双通带通滤波器的测试结果与仿真结果对比

为了进一步研究频率偏移产生的原因，对该双通带通滤波器的三维模型进行分析。图 5.80（a）是滤波器 1～3 层盲孔在 HFSS 软件中的原始模型截面图，图 5.80（b）是滤波器 1～3 层盲孔横截面的扫描电镜图。对比 2 张图可以看出，由于制作过程中黏合层的流动性，滤波器中间层金属周围空白区域内的空气完全被黏合层（半固化片）填充，而空气的介电常数与半固化片的介电常数不同，因此会对滤波器的性能产生影响。为了验证上述分析，接下来需要在 HFSS 软件中在双通带通滤波器原始三维模型的基础上对其进行改进，改进后模型与原始模型的仿真结果对比如图 5.81 所示。从图中可以看出，改进后模型的 S 参数明显向左偏移了 80 MHz，进一步说明了对频率偏移产生的原因分析的合理性。

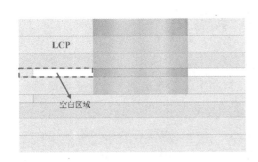 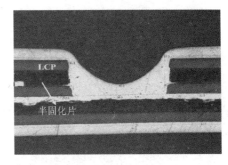

（a）HFSS 软件中的原始模型截面图　　　　　　　（b）横截面的扫描电镜图

图 5.80　双通带通滤波器 1～3 层盲孔的横截面图

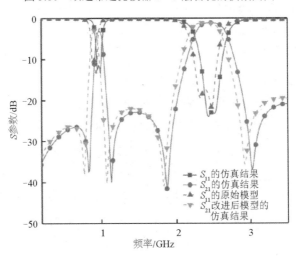

图 5.81　改进后模型与原始模型的仿真结果对比

表 5.7 所示为本节设计的双通带通滤波器与文献[24-26]中提出的双通带通滤波器的性能参数对比。从表中可以看出，本设计实现的双通带通滤波器具有较小的尺寸和良好的带外抑制。

表 5.7   本设计与其他文献中双通带通滤波器的性能参数对比

文献	(fc_1/fc_2) GHz	(RL_1/RL_2)/dB	(IL_1/IL_2)/dB	TZs	Size/mm
[24]	2.42/5.24	20/10	1.38/2.9	3	34×24×0.33
[25]	1.2/2.4	20/20	1.79/2.37	2	15.8×10.2×0.4
[26]	1.6/2.45	12/12	1.46/1.16	2	41.25×39.38
本设计	0.9/2.45	12.6/18.6	3.7/2.1	4	11×9.5×0.193

5.11   本章总结

本章主要基于 4 层 LCP 基板，对 3 种不同类型的集总参数电感（水平螺旋电感、平面螺旋电感、8-shaped 型电感）进行研究。为了提高电感的有效值和品质因数，所有电感均采用 DGS 结构进行设计，通过对线圈匝数、单边线长、金属线宽进行改变，系统地研究电感物理参数对 UHF 波段电感的有效值 L_s、自谐振频率 SRF 及品质因数 Q 的影响。对比发现，水平螺旋电感的有效值较低，并且品质因数也相对较小；可变间距的平面螺旋电感虽然具有较好的品质因数，但其自谐振频率较小、面积较大，不符合目前小型化的需求。而 8-shaped 型电感不仅具有较好的品质因数，而且相同频率下其有效值较大、体积较小，满足我们对电感的参数要求。因此，我们选用 8-shaped 型电感进行 UHF 集总参数滤波器的设计，并对分布参数电感进行了理论分析。

除此之外，本章设计并制作了一系列不同大小、不同形状的垂直叉指电容。系统地研究了在 UHF 波段，电容极板面积对集总参数电容的有效值 C_s 和自谐振频率 SRF 的影响。为了改善传统多层 LCP 基板中寄生电容较大的问题，本章创新性地将 DGS 引入电容设计。仿真结果表明：在引入 DGS 后，对于二端口正方形垂直叉指电容，其对地寄生电容 C_1 分别减小了 0.81 pF、1.27 pF、1.87 pF、2.6 pF、3.48 pF，整体性能得到了明显提升。

基于电容和电感的研究，本章对 UHF 滤波器进行了设计。首先对集总参数滤波器的设计步骤进行了详细介绍，主要包括 ADS 电路原理图仿真、建立电容和电感模型、HFSS 搭建整体三维模型、PCB 版图绘制及实物制作。根据以上流程，首先设计并制作了一款截止频率为 500 MHz 的集总参数低通滤波器，采用带有 DGS 的 8-shaped 型电感进行电感的设计，减小了相邻电感之间的串扰，提升了滤波器的综合性能。其测试结果与仿真结果能较好吻合，完全满足指标要求。接着进行半集总参数双通带通滤波器的设计与制作，其中心频率分别为 0.9 GHz 和 2.45 GHz，其中电容采用垂直叉指电容进行设计，电感采用螺旋式电感和折线型电感相结合的方式进行设计，并通过在电路中引入反馈电容来在阻带中引入 4 个传输零点,极大地提升了滤波器的带外抑制能力,最终测试结果与仿真结果整体吻合度较好,但中心频率有一定的偏移。最后对滤波器测试结果产生频率偏移的原因进行了分析。

5.12　参考文献

[1] 刘维红,陈元,黄倩. 基于 LCP 基板的平面螺旋电感设计与实现[J]. 电子元件与材料,2021,40(11):1095-1100.

[2] 郎小元,夏雷,延波. 一种 LTCC 小型化增益均衡器设计[J]. 微波学报,2016,32(S2):328-330.

[3] 邓云. 基于 LTCC 技术的微波无源元件研究[D]. 西安:西安电子科技大学,2014.

[4] 李春宇. 基于 LTCC 技术的微波滤波器设计[D]. 西安:西安电子科技大学,2012.

[5] 厉建国. 基于 MEMS 工艺的硅基立体电感 LC 滤波器设计[J]. 电子技术与软件工程,2020(9):99-100.

[6] TAYENJAM S, VANUKURU V, KUMARAVEL S. High-Q variable pitch spiral inductors for increased inductance density and figure-of-merit[J]. IEEE Transactions on Electron Devices, 2019, 66(10): 4481-4485.

[7] VANUKURU V. High-Q inductors utilizing thick metals and dense-tapered spirals[J]. IEEE Transactions on Electron Devices, 2015, 62(9): 3095-3099.

[8] MAHMOUD A, FANORI L, MATTSSON T, et al. A 2.8-to-5.8 GHz harmonic VCO based on an 8-shaped inductor in a 28 nm UTBB FD-SOI CMOS process[J]. Analog Integrated Circuits and Signal Processing, 2016, 88(3): 391-399.

[9] 钱可伟. 基于 LTCC 技术的无源器件研究[D]. 成都:电子科技大学,2012.

[10] 任辉. 低温共烧陶瓷多层微波无源滤波器技术研究[D]. 成都:电子科技大学,2006.

[11] 徐文彬,庄铭杰,王德苗. 基于叉指结构的平面分形电容研究[J]. 集美大学学报:自然科学版,2010,15(5):389-393.

[12] 苏宏. 层叠片式 LTCC 微波滤波器设计与研究[D]. 成都:电子科技大学,2006.

[13] 张博,肖宝玉. 基于 LTCC 工艺的低通滤波器设计与实现[J]. 电子器件,2021,44(2):278-281.

[14] 刘维红,陈元,黄倩. LCP 柔性 HMSAFSIW 带通滤波器设计与实现[J]. 电子元件与材料,

2022，41（1）：59-63.

[15] MENG F, CHEN X, XU W, et al. Self-packaged low-loss low-pass filter with hexagonal suspended toroidal inductors[J]. IEEE Microwave and Wireless Components Letters, 2022: 1-4.

[16] WANG Y, YU M, MA K. A compact low-pass filter using dielectric-filled capacitor on SISL platform[J]. IEEE microwave and wireless components letters, 2020, 31(1): 21-24.

[17] MERCIER D, MICHEL J P, CHAUTAGNAT J, et al. Screen printed lumped element filters based on silver nanoparticle ink[C]. 2017 47th European Microwave Conference (EuMC). IEEE, 2017: 176-179.

[18] MA Z, MA K, MOU S. An ultra-wide stopband self-packaged quasi-lumped element low pass filter based on substrate integrated suspended line technology[C]. 2017 IEEE MTT-S International Microwave Symposium (IMS). IEEE, 2017: 1084-1087.

[19] HEPBURN L, HONG J. On the development of compact lumped-element LCP filters[C]. 2014 44th European Microwave Conference. NY, USA: IEEE, 2014: 544-547.

[20] HEPBURN L, HONG J. Compact integrated lumped-element LCP filter[J]. IEEE Microwave & Wireless Components Letters, 2016, 26(1): 19-21.

[21] CAO K, PAN X. Optimization technique for lumped-element LC resonator constructed on multilayer substrate[J]. Progress In Electromagnetics Research Letters, 2021, 97: 157-164.

[22] CAO K, ZHOU Y. Design technique for multilayered filters composed of LC resonators[J]. IEEE Access, 2022, 10: 10015-10020.

[23] YEUNG L K, WU K L. A Compact second-order LTCC bandpass filter with two finite transmission zeros [J]. IEEE Transactions on Microwave Theory and Techniques, 2003, 51(2): 337-341.

[24] BAIRAVASUBRAMANIAN R, PINEL S, PAPAPOLYMEROU J, et al. Dual-band filters for WLAN applications on liquid crystal polymer technology[C]. International Microwave Symposium Digest. IEEE, 2005: 533-536.

[25] CERVERA F J, HONG J. Compact self-packaged dual-band filter using multilayer liquid crystal polymer technology[J]. IEEE Transactions on Microwave Theory and Techniques, 2004, 62(11): 2618-2625.

[26] ZHANG X Y, CHAN C H, XUE Q, et al. Dual-band bandpass filter with controllable bandwidths using two coupling paths[J]. IEEE Microwave & Wireless Components Letters, 2010, 20(11): 616-618.